U0932498

[美] 达伦·哈迪（Darren Hardy）/ 著　庞洋 / 译

民主与建设出版社
·北京·

名人推荐

“这本书强大而实用，基于多年的经过验证的成功经验，向你展示如何利用你的特殊才能最大化利用周围的机会。复合效应是一个理念宝库，帮你实现超乎想象的成功！”

——博恩·崔西，演讲者和《致富工作手册》作者

“非凡生活的最佳公式。细细品读，最重要的是，按照本书采取行动吧！”

——杰克·坎菲尔，《成功法则：如何抵达你想去的地方》合著者

“达伦·哈迪为自我提升空间撰写了一部新的圣经。如果你正在寻找货真价实的东西——一个真正有用的项目，包含可以改变生活的真实工具，让你的梦想成真——就是《成就上瘾》了！我打算用这本书回头看看我需要在自己的生活中再做些什么！买十份，一份给你自己，另外九份给你喜欢的人，现在就送出去——

收到的人会感谢你的！”

——大卫·巴赫，完成致富网的创始人，《纽约时报》八位畅销书作者之一，其中包括《自动百万富翁》

“这本书将使你一步并作两步地攀登成功的阶梯。买下来，认真阅读，好好保存。”

——杰弗里·吉特默，《销售圣经》和《销售小红书》作者

“达伦·哈迪所在的位置十分特别，可以汇集世界上最成功人士的智慧，并将其归结为真正重要的事情。简单、直接、切入重点——这些原则指导着我的生活和我认识的每一个顶级商业领袖。这本书将告诉你如何获得更大的成功、幸福和成就。”

——唐尼·多伊奇，电视主持人、多伊奇公司（全球领先的广告公司之一）董事长

“复合效应是实现梦想生活的绝佳方案。让它成为你每一步的向导。认真阅读，进行学习，但最重要的是，把它付诸实践！”

——克里斯·威德纳，演说家、《影响的艺术》作者

“达伦·哈迪用复合效应证明了常识——当加以运用时——能产生让人难以置信的结果。遵循这些简单的步骤，成为你想成

为的人！”

——丹尼斯·韦特利，演说家、《成功心理学》作者

“复合效应将帮助你战胜竞争对手，战胜挑战，创造你应得的生活！”

——哈维·艾克，《纽约时报》畅销书《有钱人和你想的不一样》的作者

“爱因斯坦说，‘复利是世界第八大奇迹’。用复合效应实现你的成功，阅读、理解并充分利用我的朋友达伦·哈迪的才华来实现你所有的梦想、希望和愿望。”

——马克·维克多·汉森，《纽约时报》系列畅销书《心灵鸡汤》的作者之一，《一分钟的百万富翁》的作者之一

“那些谈论‘成功’，却找不到方法将其融入个人生活——融入人际关系、婚姻和家庭中的人，不会赢得我的尊重或钦佩。事实上，他们的话听起来很空洞。自从我们认识达伦·哈迪以来，我们每一次交谈都会谈到我们的孩子、我们的妻子以及我们的家庭。我们认为达伦非常了解如何获得成功，更重要的是，他希望人们有正确的理由去获得成功！”

——理查德和琳达·艾尔，《纽约时报》畅销书《教孩子树立价值观》作者

“达伦·哈迪的《成就上瘾》是成功原则的巅峰之作，适用于任何需要它的人！作为思想领袖，他对我们的行业做出了重大贡献。这是一本很棒的书！”

——斯特德曼·格雷厄姆，作家，演说家，企业家

“有时候，你会有机会从现在的位置跨越到你一直想要达到的位置。这本书就是这样的机会。现在轮到你了。这是一本杰作。”

——罗宾·夏玛，畅销书《卖掉法拉利的高僧》和《没有头衔的领袖》作者

“我花了一生的时间帮助人们找到底线，这样他们就能成功，并取得立竿见影的效果，这就是我为什么这么喜欢这本书，并把它推荐给我所有的客户。达伦有一种惊人的天赋，他善于分享强有力的技巧，并且如实地表达出来，这样你就能节省宝贵的时间，马上把他的成功秘诀付诸行动。”

——康妮·波德斯塔，演说家、作家和高管教练

“如果有人知道成功的基本要素，那一定是《成功》杂志的出版人兼主编达伦·哈迪。这本书讲的是回报，关注成功的基础，关注成功真正需要什么。让本书成为你生活的操作手册——一次只需一个简单的步骤！”

——托尼·亚历山德拉博士，《白金法则与魅力》作者

“《成就上瘾》一书让达伦·哈迪加入了自我提升类伟大作家的行列！如果你想要认真对待成功并发挥自己的真实潜力，那么这本书是必读作品。它将成为你实现成功的操作手册。”

——维克·科南特，南丁格尔－科南特董事长

“生活节奏很快，有很多让人分心的事情。如果你想更有效地进步，不要只是读这本书——要拿着荧光笔细细研究。”

——托尼·杰瑞，世界顶级 CEO 和高成就人士教练

“自一个多世纪前创刊以来，《成功》杂志一直是强大创意的源泉。现在，该杂志 21 世纪的管理者达伦·哈迪总结出了实现向往生活所需的基本要素。你不应该读这本书——你应该从头到尾细细研究。”

——史蒂夫·法伯，畅销书《激进的飞跃》和《比你更伟大》的作者

“这是一本成功人士必读的书。你想知道成功需要什么吗？你想知道该怎么做吗？都在书里。这是你成功的操作手册。”

——基思·法拉齐，《纽约时报》畅销书冠军《别独自用餐》作者

“本书是一本强大的、全面的成功指南。它提供了一个完整

的策略，让你从现在的位置到达你想要达到的位置。达伦·哈迪这个名字就意味着成功！我的建议是读这本书、加以实践，取得成功。”

——杰弗瑞·海兹勒特，柯达公司首席营销官、《镜像测试》作者

“你可以用余生去尝试找出如何获得成功，或者你可以遵循这本书中已经被证明和测试过的原则和方法。选择权在你，是用艰难的方式去做……或者用聪明的方法！”

——约翰·阿萨拉夫，《答案》和《拥有一切》的作者

“最后，达伦·哈迪就是这样写这本书的。本书完美提炼了实现你一直梦想的生活所必需的基本要素。掌握这些基础知识，你就会成为自己未来的主人！”

——丹·哈特森，演说家、《纽约时报》畅销书《一分钟企业家》合著者，U.S. Learning 首席执行官

“你的生活将是你迈出的每一步的最终结果。让这个强大的指南告诉你如何做出更好的选择，养成更好的习惯，想出更好的办法。你的成功就在你的手中。在这本书里。”

——吉姆·卡斯卡特，《橡子原理》的作者和演说家

“在 Zappos，我们的核心价值观之一就是追求成长和学习。在我们总部的大厅里，我们有一个捐赠图书馆，在那里我们向员工和访客赠送图书，我们认为这些图书将有助于他们个人和职业的成长。我等不及要在我们的图书馆中加入本书了。”

——谢家华，华商企业家，《传递幸福》《回头客战略》作者，美捷步 CEO

“如果有谁能把握成功的脉搏，那一定是《成功》杂志的出版人兼主编达伦·哈迪。我总是盼望着读到他要说的话。他是伟大思想的集大成者。”

——拉里·贝奈特，演说家、写作者网络小组主席

目录 CONTENTS

第二章　选择

第三章　习惯

第四章 动量

第五章　影响

第六章　加速

推荐序

无论你学什么，采用什么战略战术，成功最终都来自复合效应

安东尼·罗宾斯：企业家、作家、世界成功导师
著《唤醒心中的巨人》

过去 30 年，我有幸帮助逾 400 万人在生活中创造了突破。我的工作伙伴十分多元化——从国家总统到囚犯，从奥运会运动员到奥斯卡奖得主，从亿万富翁企业家到刚刚开始创业的人。无论是和一对夫妇一起努力维系他们的家庭，还是和正在坐监的人一起寻找一种从内到外改变生活的方式，我的关注点一直是帮助人们实现真正可持续的结果。没有什么万能药或秘方，要想打破这种让这么多人都没办法实现人生意义的模式，必须要掌握实现突破需要使用的工具、战略和背后的科学。

达伦和我都在很小的时候就决定要控制自己的生活。我们通过接触那些过着我们想要的生活的人来寻找答案，然后学以致用。我们都将吉姆·罗恩视作导师。吉姆是一位大师，他帮助人们了解实现真正而长久的成功背后的真相、规律和实践。吉姆告

诉我们，成就与运气无关——这真的是一门科学。当然，每个人都不同，但同样的成功法则始终适用：如果你不愿意投入，就无法收获。如果你想得到更多的爱，就要付出更多的爱。如果你想获得更大的成功，就要帮助别人获得更多成功。当你掌握了成功的科学时，你会发现你得到了想要的成功。

达伦·哈迪生动地证明了这种哲学。他做到了知行合一。他在书中分享的内容来自于他在生活中取得的成就，以及帮助我在我的生活中取得的成就。

就是这个人，他找出了成功背后简单但深刻的基本原理，并利用这些原理在 24 岁时年收入超过 100 万美元，在 27 岁时建立了一家价值超过 5000 万美元的公司。过去 20 年里，他的生活就是研究成功学的个人实验室。他把自己当成小白鼠，测试了成千上万种想法、资源和工具，通过自己的失败和成功，判定哪些是有价值的思路和策略，哪些只是普普通通的胡说八道。

16 年来，我和达伦的人生道路屡有交叉，达伦作为个人发展行业的领导者，与数百名顶级作家、演说家和思想领袖密切合作。他培训了数以万计的企业家，为许多大公司提供咨询，亲自指导了数十位顶级 CEO 和高效能人士，并从他们那里了解了什么是真正重要、真正有用和没用的东西。作为《成功》杂志的出版人，达伦身处个人发展行业的中心。他采访了多位全球顶尖领袖，从理查德·布兰森到科林·鲍威尔将军到兰斯·阿姆斯特朗，采访主题包罗万象，他深入研究了他们（甚至还包括一些我的）最好的想法，加以总结。达伦是一本成功学百科全书，他全身心投入其中，对信息进行分类、过滤、消化、分析、总结并逐项列出。他剔除了无用的信息，专注于重要的核心和基础原则，你可以立刻在生活中应用这些原则并产生显著且持续的结果。

《成就上瘾》是本操作手册，它教你如何拥有自己的复合效应系统，如何控制它，掌握它，并根据你的需求和愿望塑造它。学会之后，你会发现没有任何东西是你无法得到或无法实现的。

《成就上瘾》的基础是我自己生活和训练中使用的原则：你的决定塑造了你的命运。未来取决于你如何看待未来。你的生活走向取决于你在日常生活中做出的微小决定——是实现你想要的生活还是无意识地走向灾难。事实上，塑造我们生活的恰恰是这些最微小的决定。偏离轨道 2 毫米，就会导致你的生活轨迹发生变化。彼时一个看起来微不足道的决定，可能成为现在生活中的一个巨大失误。从吃什么，在哪里工作，到你和谁在一起，你如何度过下午时光，每一个选择都决定了你今天的生活方式。

更重要的是，决定了你将如何度过余生。但好消息是，改变也取决于你。一个 2 毫米的误算可能会让你疯狂地偏离生活，那么也仅仅需要回调 2 毫米就可以让你完好无损地回到家。关键是找到回家的计划、指南和地图，上面标有你家的位置，和如何回家，如何沿着正确的道路走下去的行动计划。

这本书就是一个详细具体的行动计划。让它改变你的期望值，消除你的怀疑，点燃你的好奇心，为你的生活带来价值吧——就从现在开始，充分利用这个工具，把它作为你成功的指导。如果你这么做了，并且日复一日地坚持，我确信你将体验到最好的生活。

前 言

这本书写的是成功以及获得成功真正需要的是什么。是时候有人直接告诉你，你被骗太久了。没有灵丹妙药，没有秘密配方，也没有速效方法。你不可能每天在网上花两个小时就能一年赚20万美元，不可能一周减掉30磅[①]，也不可能涂上面霜就能涂掉20年的光阴，没有修复爱情的药丸，也没有美好得不真实的方法来实现长久的成功。如果有人告诉你能在沃尔玛买一个包装精美的礼包，里面装着成功、名望、自尊、良好的关系、健康和幸福，你知道这是不可能的。

我们不断被越来越耸人听闻的消息轰炸，说什么只要每次支付39.95美元，只需3次，你就可以一夜暴富，或者拥有更完

① 磅：英美制质量单位，1磅=0.45359237千克。

美的体型，更年轻，更性感。这些狂轰滥炸的营销信息扭曲了我们对成功的认识。而成功需要的那些简单而深刻的基本原则，我们已经忘记了。

我不想再继续看着这些乱糟糟的信息让人们远离正确轨道。我写这本书就是为了带你回归基础。我将帮你扫除杂乱的信息，聚焦在真正重要的核心和基础上。你可以立刻在生活中贯彻书里的练习和经过时间考验的成功原则，并且得到重大持续的成果。我会教你如何驾驭复合效应的力量，因为无论结果好坏，复合效应始终是你生活中的操作系统，充分发挥这个系统的优势，你就可以真正彻底地改变你的生活。你肯定听说过，你可以得到你想要的任何东西，对吧？只有你知道怎么做时，这种说法才成立。《成就上瘾》是本操作手册，教你如何驾驭你的操作系统。等你学会以后，就没有什么是你得不到或实现不了的。

怎么知道复合效应是取得最终成功的唯一路径呢？首先，我已经把这些原则应用到了自己的生活中。我讨厌作者们拍着胸脯炫耀自己的名誉和财富，但我想让你知道我所说的一切都来自个人经历——我会给你提供活生生的例证，而不是倒胃口的理论。正如安东尼·罗宾斯所说，我在商业活动中取得了巨大的成功，因为我努力按照你将在本书中读到的原则来生活。过去 20 年里，我一直在积极研究成功和人类成就的原理。我花了几十万美元测试了成千上万种不同的想法、资源和理念。我的个人经验证明，无论你学的是什么，采用什么战略或战术，复合效应都是实现成功的操作系统。

其次，过去16年里，我一直是个人发展行业的领导者。我曾与多位备受尊重的思想领袖、演说家和作家合作过。作为演说家和顾问，我培训了数万名企业家。我还指导过许多商业领袖、企业高管和无数高成就者。从成千上万的案例研究中，我已经提炼出了哪些做法是有效的，哪些是无效的。

最后，作为《成功》杂志的出版商，我从成千上万的投稿文章和书籍中进行筛选，选择我们杂志要采访的专家，并审查他们的所有材料。每个月我都会采访六位顶级专家，话题涵盖成功学的各个领域，深入了解他们最棒的想法。我每天都在个人成就领域的信息海洋中尽情阅读，进行筛选。

我的观点如下：如果一个人通过研究世界上最成功人士们的教义和做法，穷尽了整个行业的观点和智慧，就会有一张十分清楚的图片浮现在他眼前——最底部、最基础的真相变得无比清晰。我再也无法被最近夸夸其谈的先知们的所谓最新“科学突破”所愚弄，那些骗人的玩意儿骗不到我，因为我有太多观点可以参考了。我走了那么多路，知道通往成功的路是那条艰难的路，正如我的导师、伟大的商界思想家吉姆·罗恩所言："基本原则中没有新概念。真相从来都不是新发现的，是老道理。如果有人说，'来，我想给你看看我新造出来的古董'，那么，你得怀疑一下这个人了，因为没办法造出古董。"

这本书就是要把所有不必要的噪声、脂肪、绒毛都去掉，只留下真正重要的内容。什么才是真正有效的内容？这个操作系统由六条基本原理构成，如果你学会了，就能带你实现你想实现的任何目标，帮你过上你希望过上的任何生活。这六条基本原理是什么？它们包含在这本书中，共同构成了这本称为《成就上瘾》的操作系统。

在我们深入研究之前，我要给大家提个醒：赢得成功十分艰难。这个过程艰辛、乏味，有时甚至很无聊。想要变得富有、有影响力，成为你所在领域的世界一流，这个过程漫长而辛苦。不过只要你能按照书中的步骤来做，你几乎能立竿见影地在生活中看到成效。但如果你厌恶工作，厌恶训练，厌恶投入，你可以随时重新打开电视，寄希望于下一个名人广告——看他们怎么向你兜售一夜成功的诺言，前提是只要你有张信用卡。

你已经确认你需要的是成功，就不需要再学其他有的没的了。如果我们需要的是更多的信息，每一个可以上网的人都能住在大宅子里，拖着大肚腩，过着快乐的生活。但是你需要的不是新信息或更多的信息——你需要的是一个全新的行动计划。是时候培养新行为、新习惯了，让它们不再阻碍成功，而是实现成功。就是这么简单。

我在本书中提到的资源都已经放在了 The Compound Effect.com 网站上。快点击这个网站！用起来！这本书和我所提供的辅助工具都是我曾经听过、见过、研究过、尝试过的最好的东西。是我们每个月《成功》杂志内容的优选，全部都囊括在这本小书里。十分简单！

让我们开始吧！

第一章

复合效应在行动

你一定知道这个说法，“慢而稳，赛必胜。跑得慢却一直在跑的赢了比赛。”就像你听说过的龟兔赛跑的故事。女士们先生们，我就是那只龟。给我足够的时间，我能在任何时候任何比赛中击败任何人。为什么？不是因为我是最好的、最聪明的或者最快的。我会赢是因为我养成了积极的习惯，因为我对这些习惯的坚持。我是全世界最信奉坚持的人，我就是个证明了坚持是成功的终极关键的活生生的例子，其实大多数人不知道如何坚持，虽然它也是人们在追求成功道路上最大的陷阱之一。这一点我要感谢我的父亲，因为他是我人生中第一个教我使用复合效应力量的教练。

我 18 个月大的时候，父母离婚了，我是被父亲一人养大的。他不是那种善于循循善诱的人。他曾担任大学橄榄球队教练，对我的培养十分严厉。

感谢父亲每天早上6点钟准时把我叫醒。不过靠的不是在肩头充满爱意的一拍，我每天早上都是被车库里重复不断的铁块撞击水泥地发出的像打桩一样的声音叫醒的。车库就在我的卧室隔壁，我每天都感觉像是从建筑工地旁边12英尺[①]的地方醒过来。我父亲在车库墙上画了一幅巨大的“没有付出就没有收获”的标语，他看着这幅标语，按照老派的健身方式无数次硬拉、挺举、箭步蹲、深蹲。无论下雨、下冰雹还是暴晒，他都雷打不动地穿着短裤和一件破烂的汗衫出现在车库里，没有间断过一天。你甚至可以用他的习惯给表调时间。

我要做的家务比一个管家和园丁加起来的都要多。每天放学回家后，等着我的都是一长串指令：拔草、耙树叶、打扫车库、除尘、吸地、洗碗——应有尽有。功课掉队也不行。我那时就是这么过来的。

父亲是真正的“没有借口”型的人。即使生病，我们家的孩子也不允许请假在家，除非真的吐了、流血了或者“能看见骨头了”。“能看见骨头了”这句话来自于我父亲的执教生涯。他的队员都知道，除非伤得十分严重，否则绝对不允许下场。一次

① 英尺：英制长度单位，1英尺=30.48厘米。

一个四分卫请求下场，父亲说，“除非能看见你的骨头了”。于是，四分卫扒开护肩，很明显能看到锁骨骨头，他才被允许离场。

父亲的一条核心理念是：“无论你多聪明或多笨，你都必须十分努力，弥补在经验、技巧、学识、天生能力上的不足。如果你的对手更聪明、更有才华、更有经验，你只需要比他们多努力三四倍，这样你仍然能打败他们！”无论挑战是什么，他都教我用努力来弥补我在任何方面的不足。在比赛中罚球罚丢了？那这个月每天都做1000次罚球。不擅长左手运球？那就把右手绑在身后，每天运球3个小时。数学不好？就坐下来，请一个家教，一整个夏天都发疯似的学习数学，直到学会为止。没有任何借口。如果你不擅长做某件事，就要更努力地练习，更聪明地练习。他说到做到。父亲从一个橄榄球队教练做到了一个成功的销售，之后他当了老板，最终拥有了自己的公司。

但他并没有给我太多指导。父亲从一开始就让我们自己想办法。他教我们的是要自己承担责任。他没有每天晚上盯着我们做功课，我们只需要拿结果给他看。如果你做到了，就会有奖励。如果我们取得了好成绩，父亲就会带我们去冰激凌商店Prings，在那儿你能买到巨无霸香蕉船，6勺冰激凌还有所有的配料。我的姐妹们经常考得不够好，就没得去。能去Prings是件大事，所以为了能去成，你得学会把凳子都坐穿。

父亲的自律为我树立了榜样。他是我的偶像，我希望他能以我为荣，我也害怕让他失望。他还有一条理念："成为那个说'不'的人。随大流不是什么了不起的成就，要成为那个不寻常的人。"

我12岁时的日程安排就已经可以匹敌那些最高效的CEO了。有时我会抱怨会闹情绪（我还是个孩子！），但同时我也因为自己比其他同学多了这么一条优势而悄悄高兴。感谢父亲，让我快人一步，提前知道专注、负责以及实现目标需要什么样的自律和什么样的心态。（《成功》杂志的品牌口号是"成就者的读物"，这绝非偶然。）

现在父亲会和我开玩笑，说他把我训练成了一个上瘾的过度成就者。18岁那年，我自己的生意就能挣6位数了。24岁，我的年收入超过了100万美元。27岁，我已经是一个真正白手起家的百万富翁了，我的生意年收入超过5000万美元。正因如此，我才能过上现在的生活，我还不到40岁，但我的钱和资产足够供一家人度过余生。

"毁掉一个孩子的方式有很多。"父亲说，"至少我的方法还不差。你看起来做得很不错。"

《成就上瘾》揭示了我成功背后的秘密。我是复合效应的真正信徒，因为在父亲的教导下，我人生中的每一天都是照此度过的，烙印之深，哪怕有一天我尝试了其他的生活方式，也已经无法改变。

但如果你像大多数人那样，你就不是真正的信徒。我知道原因很多，而且完全可以理解：你没有得到相同的训练，没有同样的榜样告诉你该怎么做。

我们受到了欺骗，我们已经被商业营销催眠，它让你相信你拥有那些根本不存在的问题，向你兜售他们的快速“解决”方案。我们在走上社会的过程中，会受到各种影响，因而会相信电影和小说中的童话结局。我们已经忘记了持续努力工作的老式做法所具有的重要价值。

你还没有感受到复合效应的回报

复合效应的规则是指从一连串微小而聪明的选择中获得丰厚回报。对我来说，这个过程中最有趣的是，尽管最后的成果规模巨大，但当下的每一步在感觉上却并不重要。无论你是使用这种策略来改善你的健康、人际关系、财务状况还是其他任何事情，这些变化都如此微妙，甚至几乎难以察觉。这些微小的变化很少或根本不会带来立竿见影的效果，没有给我们带来大型胜利，没有我所告诉你的显而易见的回报。那为什么还要费这工夫？

大多数人都被复合效应的这种特点绊倒了。例如，他们跑了八天步之后放弃了，因为他们仍然超重。或者，他们练了六个月钢琴后不再练了，因为除了《筷子华尔兹》之外什么都没学会。亦或者，他们向自己的个人退休账户中存了几年钱之后就中断了，因为这样他们就有更多的现钱花，而且退休账户里的数字似乎并没有增加太多。

他们没有意识到的是，随着时间的推移，这些看似微不足道的小举动将会产生根本性的变化。我来举几个详细的例子。

小而明智的选择 + 坚持 + 时间 = 根本性的变化

神奇的 1 分钱

如果你可以选择立刻得到 300 万美元现金，也可以选择拿到 1 分钱，但连续 31 天每天价值翻倍，你怎么选？如果你之前听过这个例子，你知道你应该选 1 分钱——因为这个过程可以带来更多的财富。然而，为什么 1 分钱最终会带来更多的钱呢？这件事让人真难以置信？因为在这个选择里，需要更长的时间才能看到收益。让我们仔细研究一下。

假设你选择拿到冷冰冰的现金，你的朋友选择了 1 分钱这条路。第 5 天，你的朋友有 16 美分。但是，你有 300 万美元。第 10 天，和你的一大笔钱相比，你朋友的钱是 5.12 美元。你觉得你的朋友会怎么看待她的决定？而你正拿着你的 300 万美元消费，享受，满意于自己的选择。

20 天过去了，只剩 11 天的时候，你的朋友只有 5243 美元。这时她的感受会如何？尽管她做出了种种牺牲，采取了各种积极举措，她才刚有 5000 美元。但是，你有 300 万美元。这之后，复合效应的隐形魔法开始显现了，每天还是同样小幅度的增长，但这 1 分钱在第 31 天变成了 10 737 418.24 美元，是 300 万美元的 3 倍多。

在这个例子中，我们可以看到，为什么持续行动如此重要。在第 29 天，你有 300 万美元；你朋友的收入约为 270 万美元。直到这场为期 31 天的比赛的第 30 天，她才以 530 万美元的优势领先。而直到这场超级马拉松的最后一天，你的朋友才把你完全击溃；她最终以 10 737 418.24 美元赢了你的 300 万美元。

很少有东西像 1 分钱的复合魔力一样令人印象深刻。但令人惊讶的是，这种力量在你生活的每个方面都同样强大。

下文是另一个例子。

三个朋友

让我们用三个一起长大的朋友来举例。他们住在同一个社区，认知能力十分相近。年收入都为5万美元左右。他们都结婚了，健康状况和体重都是正常人水平，还有一点可怕的婚后赘肉。

第一个朋友，让我们称他为拉里，在日复一日的工作中缓慢前进。他很高兴，或者他认为自己很高兴，只偶尔会抱怨生活没有任何变化。

第二个朋友斯科特，开始做一些看似无关紧要的小的积极变化。他开始每天读 10 页好书，并在上下班途中听 30 分钟的指导性或励志型音频。斯科特希望给生活带来变化，但不想大动干戈。他最近在《成功》杂志上读了对奥兹博士的采访，从文章中选择了一个想法来落实：他要从每天的饮食中减少 125 卡路里的摄入。

这没什么大不了的。可能只是少喝一杯麦片，把碳酸饮料换成无糖气泡水，把三明治里的蛋黄酱换成芥末酱。这种想法是可行的。他还开始每天多走几千步（不到一英里[①]）。没有需要鼓足勇气或付出巨大努力的大动作，不过是一些任何人都可以做的事。但斯科特决心坚持下去，因为他知道这些动作虽然很简单，但也很容易受到诱惑而中断计划。

第三个朋友布拉德做了一些糟糕的选择。他最近买了一台新的大屏幕电视，这样他就可以观看更多他喜欢的电视节目了。他可以尝试在美食频道看到的那些食谱——芝士炖菜和甜点，那是他的最爱。他还在家庭活动室装了个酒吧，每个礼拜都喝一杯。没什么大不了的疯狂行为，布拉德不过是希望多找点乐子。

5 个月后，拉里、斯科特或布拉德之间没有什么明显区别。斯科特每天晚上都继续读书，继续在上下班途中听音频。布拉德正在享受生活。拉里一如既往地一成不变。即使每个人的行为模式都不同，5 个月的时间还不足以看出他们的情况变得更差或出现改善。事实上，如果你列出三个人的体重表，你会发现他们看起来会完全一样。

---

① 英里：英制长度单位，1 英里 =1.609344 千米。

10个月后，我们仍然看不到他们生活中的明显变化。直到第18个月结束时，这三个朋友的外表才出现了能衡量的最微小的差异。

在第25个月后，我们开始看到了真正可见并明显的差异。在第27个月，我们看到了巨大的差异。到了第31个月，变化令人吃惊。布拉德现在很胖，而斯科特很精干。通过每天减少125卡路里的热量，在31个月内，斯科特减掉了33磅！

31个月 = 940天

940天 × 125卡路里 / 天 = 117 500卡路里

117 500卡路里 ÷ 每卡3500卡路里 = 33.5磅！

布拉德在同一时间段内每天仅多摄入125卡的热量，却胖了33.5磅。现在他比斯科特重67磅！但差异不仅仅体现在体重上。斯科特投入了近1000个小时的时间读好书、收听自我提升的音频。通过将他新获得的知识付诸实践，他升了职加了薪。最棒的是，他的婚姻也变得更有活力。布拉德呢？他在工作上不满意，他的婚姻也濒临破碎。拉里呢？拉里几乎和他两年半前一模一样，除了他觉得现在一切更加苦涩。

复合效应的惊人力量就是这么简单。利用复合效应为自己服务的人和让同样的力量伤害自己的同龄人相比，差异几乎无法想象。神奇得就像是魔法或量子飞跃。在31个月（或31年）后，积极利用复合效应的人似乎是“一夜成名”。事实上，他们的巨大成功源自在一段时间内持续做出微小而明智的选择。

涟漪效应

我知道，上面这个例子看起来很戏剧化。但实际生活甚至比这个例子更夸张。现实生活中，即使是一个小变化也能产生大影响，引发意料之外的连锁反应。让我们把布拉德大吃大喝这个坏习惯放在显微镜下细细观察，以更好地理解复合效应的负面作用，理解它如何产生足以影响你整个生活的涟漪效应。

布拉德按照从食品频道学到的食谱制作了一些松饼。他很得意，家里人也很喜欢，这事似乎很有价值。他开始经常做松饼（以及其他甜食）。他喜欢自己做的饭，总是多吃，但又没有多到引人注意。然而，多吃的食物让布拉德在晚上昏昏欲睡。醒来时也有点儿昏昏沉沉，脾气暴躁。暴躁和睡眠不足开始影响他的工作表现，工作效率变低，老板因此感到不高兴。一天结束时，他对自己的工作不满意，精力直线下降。下班的路途似乎比以往任何时候都更长、更紧张。如此种种，使他想吃更多能抚慰人的食物——人在压力大的时候就会这么做。

精力不振使布拉德不再像他以前那样愿意和妻子散散步。妻子怀念两个人在一起的时光，因为他的不情愿而开始感到不开心。由于和妻子在一起的时间变少，加上缺少新鲜空气和运动，布拉德没办法释放让他感到积极乐观的内啡肽。他因为不高兴，开始对自己和别人吹毛求疵，而且不再赞美他的妻子。由于他觉得自己的身体软弱无力，他变得没那么自信，感觉自己缺乏吸引力，不再那么浪漫。

布拉德没有意识到他对妻子缺乏热情会对妻子产生影响，他只知道他觉得自己很邋遢。他开始沉迷于午夜电视节目，因为看电视毫不费力，而且能转移注意力。布拉德的妻子感觉到了他的疏远，开始抱怨，提出更多需求。当这么做不起作用时，她会回撤自己的情绪以保护自己。她感觉孤独，于是全身心投入工作，花更多的时间和女朋友在一起，满足自己对于陪伴的需求。男人开始和她调情，这让她重新感受到自己的吸引力。她永远不会出轨，但他能感觉到有些不对劲。他认识不到自己糟糕的选择和行为是二人问题的根源，反而去挑他妻子的毛病。

认为对方是错的，而不是进行自省并采取必要的举措来清理自己的烂摊子是心理学入门第一课的内容。在布拉德的案例中，他不知道要向内看——顶级主厨或他喜欢的犯罪节目中可不提供关于自我提升或人际关系的建议。然而，他可能也曾想到过，如果他像好朋友斯科特一样读过关于个人发展的书，他可能已经知道如何改变不良习惯。不幸的是，对于布拉德来说，他每天做出的小小选择形成了涟漪效应，严重破坏了他生活的方方面面。

当然，少摄入的卡路里和对于智识的激发都对斯科特产生了相反的效果，他现在正从积极的成果中收获丰厚回报。在《轻微的边缘》中，杰夫·奥尔森（吉姆·罗恩的另外一位信徒）将这种对比称为简单的日常训练 vs 简单的误判。就这么简单。只要时间够，只要持之以恒，就能看到结果。更棒的是，结果完全可以预测。

复合效应是可预测的，也是可测量的——这是个好消息。知道你只需要持之以恒地采取一系列微小步骤，随着时间的推移，你能从根本上改善自己的生活，是不是很令人欣慰？比起你得鼓起全身的勇气和力量，却仅仅是让自己筋疲力尽，之后不得不再次鼓足干劲再试一次（而且还很有可能不成功），上面这种做法听起来是不是更容易？第二种方式，我只是想想就已经筋疲力尽了。但人们就是这么做的。这个社会让我们相信，只要付出了巨大努力，

就能起作用。每一个美国人都是这么做的。（请参照图 1-1）

图 1-1

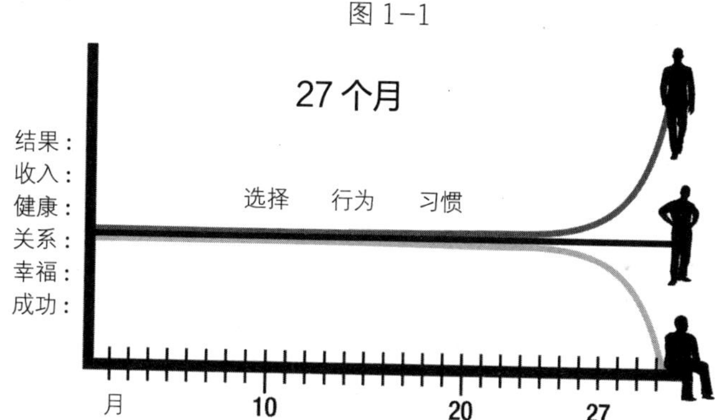

复合效应的美妙之处在于它的简单。请注意，在图的左侧，结果几乎看不见，但在后期变化十分明显。在这整个过程中，人们前后的行为完全一样，没有变化，但复合效应最终会展现其神奇力量，带来巨大的结果差异。

成功和老派

复合效应最大的挑战在于，我们必须始终如一地高效工作一段时间，才能看到结果。我们的祖辈知道这一点，虽然他们晚上没有陷在电视机前看广告，告诉他们怎么在 30 天内拥有纤细的大腿，或如何在 6 个月内坐拥房地产王国。我打赌你的祖父母每周工作 6 天，披星戴月，使用他们年轻时学到的技能，并在一生中坚持如此。他们知道秘诀是努力工作，自律和好习惯。

有意思的是，财富往往是隔代的。过于富足常常导致人们没有干劲，他们往往会选择安逸的生活方式。因为财富不是由他们凭借自律和优秀品质创造出来的，所以他们可能对财富的价值没有同样的感觉，也不理解为什么要守财。我们经常在皇室成员、电影明星和公司高管的孩子身上看到这种心态——事实上，从世界各地的儿童和成年人身上都可以轻微看到一点儿这种心态。

作为一个国家，我们整个民族似乎都失去了对职业道德价值观的认可。美国人至少有两代生活在繁荣、财富和轻松之中。对我们而言，创造持久成功真正需要的特质——比如勇气、勤奋和坚韧———点儿也不吸引人，因此差不多已经被忘记了。我们的祖先经历了斗争和冲突，他们的努力和自律融为一体，雕刻了他们的性格，鼓舞他们去拥抱新的疆域。而我们却对冲突和斗争失去了相应的尊重。

历史上，自满其实对所有伟大的帝国都产生了影响，包括但不限于埃及、希腊、罗马、西班牙、葡萄牙、法国和英国。为什么？因为成功是失败之母。这是导致曾经叱咤全球的帝国失败的原因。人们获得了一定程度的成功，因此变得过于安逸。

长期的繁荣、健康和财富令我们自满，我们也不再继续做那些让我们取得这些成就的事情。我们变得像沸水里的青蛙，却没有跳出去追求自由，因为水温是逐渐增加的，难以觉察，我们没有注意到我们正在被煮熟！

如果想要成功，我们需要重新树立像祖辈一样的道德观。不要相信阿拉丁神灯之类的想法。如果愿意的话，你可以坐在沙发上等着从邮箱里收支票，擦擦水晶球看看未来，在火上行走，或者是和那位已经 2000 多岁的大师通灵，或者念念咒语，但这些大都是骗人的，是商业主义利用你的弱点在操纵你。真正持久的成功需要工作——而且是大量工作！

我来讲一个真实的小故事来说明成功是失败之母：在圣迭戈海滩上，我家附近开了一家很棒的新餐馆。一开始，这个地方的一切都那么完美，女主人对每个人都送上一个大大的微笑表示欢迎，服务无可挑剔（会有经理在场监督服务质量），食物也很棒。不久，在那吃饭需要等位，经常要等一个多小时才能落座。

然后，不幸的是，餐厅的工作人员开始把成功看成是理所当然的事情。女主人傲慢起来，服务员着装散乱态度暴躁，食物质量随心所欲。这个地方开了不到 18 个月就关门了。他们的失败是因为他们的成功。或者更准确地说，是因为他们停止了做实现成功的事情。成功蒙蔽了他们的眼睛，他们放松了。

微波炉思维

一旦了解了复合效应，你就不会再想要拥有“立竿见影的结果”——这种想法认为成功应该像快餐，像一小时快速配镜，像30分钟快照，像隔夜的邮件，像微波炉叮蛋，像秒开的热水和即时传送的短信一样快。

向自己做出承诺，你会放弃中乐透这种一劳永逸的想法，让我们面对现实吧，你只会听到那唯一一个赢家的故事，而不会听到背后成百上千万输家的故事。你看到那个人在拉斯维加斯的老虎机或圣塔安妮塔的赛马场上欢呼，却看不到他们已经输了成百上千次。如果我们再用数学上得到积极结果的概率来看这件事，我们的化整误差为零，意思是你的获胜概率为零。《幸福的绊脚石》（Stumbling on Happiness）的作者、哈佛大学心理学家丹尼尔·吉尔伯特（Daniel Gilbert）说，如果我们每30秒钟就让一个买乐透输了的人上电视宣布“我输了！”而不是“我赢了！”，要花9年才能让一局乐透的失败者全部说一遍。

如果你了解了复合效应的工作原理，就不会再渴望速成或者有什么灵丹妙药了。不要骗自己相信一个超级成功的运动员没有经历过就像家常便饭一样骨头粉碎的锤炼，不要相信他们不需要进行几千小时的练习。他每天早早就起床训练了，而且在其他人都停止训练后仍然继续。他会面临失败带来的苦恼和沮丧，会面临孤独、苦行以及失望，这些都是成为第一名所必需的。

读完本书后，或者在读的过程中，我希望你能从骨子里认识到，成功的唯一途径是通过日复一日平凡、毫不性感、毫不吸引人，有时甚至是艰苦的训练不断复合叠加实现的。我还希望你也能认识到，如果你能利用好复合效应，你能得到你梦想中的结果、生活和生活方式。如果你能好好运用本书中列出的原则，你将书写自己童话般的结局！

图 1-2

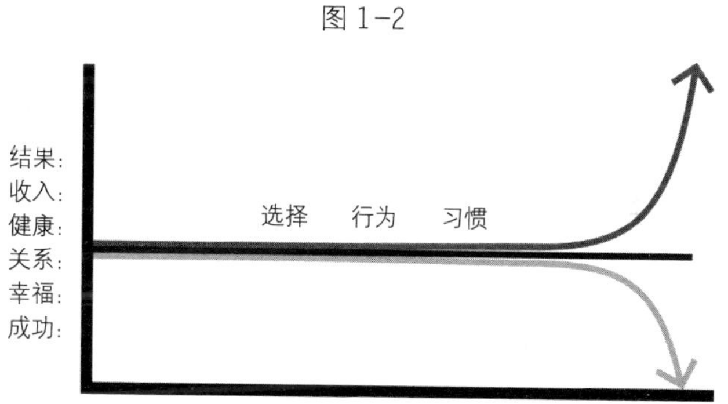

复合效应始终有效。你可以选择让它为你服务，你也可以选择无视它，感受一下这个强大的原则会产生什么负面效果。你现在在这张图上处于什么位置并不重要。从今天开始，你可以决定进行简单、积极的改变，让复合效应把你带到你想去的地方。

现在和我一起打开下一章，我们将重点讨论控制你生活的这件事。每一次胜利或失败都始于此。你现在拥有或不曾拥有的一切都是因为这件事。学会改变这件事，你就可以改变你的生活。让我们一起来看看是什么。

让复合效应为你服务（一）

行动步骤总结

·写出你可能会找的借口（例如，不够聪明，没有经验，家庭教育偏差，没有受过相应的教育，等等）。下定决心加倍努力工作，实现个人发展，超越所有人——包括昨天的自己。

·做斯科特——写下你每天都要做、看起来无关紧要但会让你的生活重新走向积极方向的六件小事。

·别做布拉德——写下那些看似无关紧要但累积起来却可能使你的生活不断下滑的所以你要停止的小事。

·列出你认为自己最成功的一些领域、技能或成果。想想看你是不是把这些结果当成是理所当然的，因此不再继续进取，自得自满，陷入日后可能会失败的危险中。

第二章

选择

我们来到这个世界上时都是一样的：赤身裸体、害怕、无知。在这个盛大的新人欢迎仪式后，每个人最终的生活都是我们全部选择的积累。我们的选择可能是我们最好的朋友，也可能是我们最大的敌人。它们可以带我们实现目标，也可以让我们在离目标十万八千里的地方裹足不前。

你生命里的一切之所以存在，都是因为你首先对某件事做出了选择。选择是每一个结果的根源。每种选择都会产生一种行为，随着时间的推移再形成习惯。选择不好，你可能会发现自己需要从头开始，被迫重新做出更难的选择。如果不进行任何选择，其实已经做出了选择，你选择了做一个被动接受生活中发生的一切的人。

从本质上讲，你做出了选择，而你的选择成就了你。每一个决定，无论多么微不足道，都会改变你的生活轨迹：选择要不要上大学，选择和谁结婚，选择在开车前再喝最后一杯酒，选择沉迷于八卦或保持沉默，选择再打一次销售电话试试看或者就此结束这一天，选择要不要说我爱你。每一种选择都会对你生活的复合效应产生影响。

本章讲的是，要了解哪些选择有助于延伸你的生活，请你做出这种选择。听起来很复杂，但你会对它的简单感到惊讶。从此以后，你做的选择中不再有99%都是无意识的。你日常生活中的大多数行为和做法都不再是机械反应。你会问自己（并且能够回答）：我有多少行为不是我投票选择的？哪些事情不是我有意识地选择却又每天都在做的？

我采用了一种简明可靠的策略来提升个人生活和职业生涯，通过使用同样的策略，再加上复合效应的强化，你将能够摆脱让你的生活停滞或者往错误方向拖拽你的神秘力量。你可以在闯入白痴的领域之前点击暂停按钮。你将会体验到做出正确决定的轻松感——每一次——这些决定会帮你做出正确的行为，养成正确的习惯，让他们为你服务。

你面临的最大挑战并不在于故意做出错误的选择。这很容易解决。最大的挑战是你在做选择时一直梦游。有一半的时间，你甚至都不知道你正在做选择。我们的选择往往受到文化和成长经历的影响。它们萦绕在日常行为习惯的方方面面，似乎不在我们的控制范围内。例如，你是不是也曾一直关注自己的事业，享受生活，突然之间，你因为做了一个愚蠢的选择或一系列小的选择，破坏了你辛勤工作的发展势头，但一切都没有明显的原因？你没打算要毁掉自己，但是因为你在做决定时没有思考——没有权衡风险和潜在的结果——最终导致自己要面对计划之外的后果。没有人打算变胖、破产或离婚，但这些后果通常是（甚至是总是）由一系列糟糕的小选择导致的。

大象不咬人

你有没有被大象咬过？蚊子呢？咬你的都是生活中的小事。我们偶尔会看到，重大错误可能会在瞬间摧毁一个人的职业生涯或声誉 ——著名的喜剧演员在例行脱口秀演出中进行种族辱骂；一个曾经受人尊重的人道主义者醉酒时做出了排斥犹太人的滑稽行为；反同的参议员在洗手间里被抓住向同性求欢；那位受人尊敬的女网球运动员一反常态地威胁一位官员。显然，这些糟糕的选择会产生重大影响。但我们这里讨论的并非这种重大倒退或某一悲惨时刻。

对于我们大多数人来说，经常发生的、微小的而且看似无关紧要的选择才是最值得关注的。我说的是那些你认为根本不会产生任何影响的决定，正是这些小事在意料之中无可避免地破坏了你的成功。无论是愚蠢的动作，无关紧要的行为，还是伪装成积极选择（这种尤其阴险）的决定，这些看似微不足道的决定可能会让你彻底偏离正轨，因为你根本没有注意到它们。你因此饱受打击，变得昏昏沉沉，而且也不清楚是哪些小动作让你偏离了正轨。好吧，是复合效应在起作用。它总是在起作用，还记得吗？但这种情况下，因为你的所作所为，因为你的心不在焉，它对你产生的是不利作用。

例如，你喝了瓶碳酸饮料，吃了袋薯片，然后只有在你吞下了最后一片薯片后，你才突然意识到，这一天的健康饮食被彻底毁掉了。你被电视吸引住了，花了两个小时看不需要动脑子的电视节目——让我们给你一点肯定，就假设这是一部教育纪录片吧，然后，你突然意识到，你本来应该正在为搞定一个相当有价值的客户准备一个重要的 PPT。在本来完全可以说出事实时，你却向所爱的人脱口而出一个下意识的谎言。这是怎么回事？

你已经允许自己不假思索地做出选择。只要你仍然在做无意识的选择，你就无法有意识地选择改变这种无效的行为，把它变成有生产力的习惯。是时候清醒过来并做出能赋予我们力量的选择了。

全年都是感恩节

指责别人很容易，对不对？“因为我老板不行，我才没能进步。”“如果不是那个同事背后插刀，那次我就升职了。”“我总是心情不好，因为我的孩子每时每刻都要把我逼疯。”当我们处于亲密关系中，我们尤其爱指责别人，你懂的，需要改变的总是另一半。

几年前，我的一个朋友总是抱怨他妻子。据我观察，他的妻子是一位很出色的女士，能和她在一起是他的幸运。我把这话告诉他了，但他仍然喋喋不休地抱怨自己妻子的一些行事方法导致了他的不快乐。就在那时，我分享了一段真正改变了我的婚姻的经历。某年的感恩节，我决定为我的妻子制作一份感恩节日记。整整一年，每一天我都记录至少一件她让我觉得很欣赏的事——她与朋友互动的方式，她如何照顾我们的狗，她新铺的床，她做的美食，或者是她把发型弄得美美的——什么事都行。我会找出我妻子让我感动的事，或者她在什么事里展示了令我欣赏的性格、特征或品质。整整一年，我都悄悄地把这些记录了下来。到那年年底，我写了整整一本日记。

当我在第二年的感恩节把这本日记送给她时，她哭了，说这是她收到过的最好的礼物（甚至比她生日时我送她的宝马车还要好）。有趣的是，受这份礼物影响最大的人是我。因为要记日记，我必须要关注妻子好的方面。我有意识地寻找她做的所有“正确的”事，这种发自内心的关注盖过了一切我可能会抱怨的事。我再次深深爱上了她（可能爱得比以往任何时候都要深，因为我看到了她性格和行为中更微妙的闪光点，而不是那些更容易看到的优秀品质）。每天我的眼里和心里都是对她的欣赏和感激，我有意找寻她身上最好的东西。这使我在婚姻中做出了不一样的表现，她当然也因此给出了不一样的回应。很快，我的感恩节日记就有更多东西可写了。由于选择每天花上 5 分钟记录妻子令我心怀感激的方方面面，我们经历了婚姻中一段最美好的岁月，生活只会因此变得更好。

在我分享了自己的经历后，我的朋友决定也记一本关于妻子的感恩节日记。短短几个月，他的婚姻就完全改变了。选择寻找关注妻子的优秀品质改变了他对她的看法，也因此改变了他与她的互动方式。相应地，她在进行回应时也做出了不同选择。这个循环不断持续，或者，我们应该说，不断复合。

要发现与明确你生活中的美好，请使用 P187 的“感恩评估表”。

100%所有

我们靠的都是自己，但只有成功者才能接受这种赞誉。我 18 岁时在一个研讨会上听到了关于个人责任的概念，这个概念彻底改变了我的人生。如果你把这本书的其余部分扔掉，只练习这一个概念，两到三年内，你就能在生活中看到巨大的变化，大到你家人朋友都会想不起来原来的你。

在我 18 岁参加的那个研讨会上，发言人问道：“为了维持一段关系，你需要承担多大比例的责任？”我是一个十几岁的孩子，对真爱的种种方式简直了如指掌。我当然知道答案。

“50/50！”我脱口而出。这是显而易见的，两个人都必须愿意均等地分担责任，不然就会有人受到剥削。

“51/49。”有人喊道，说你必须愿意比另一个人做得更多。难道一段关系的基础不就是自我牺牲和宽宏大量吗？

“80/20。”另一个人喊道。

导师转过身，用巨大的黑体字在纸上写下了100/0。“你必须愿意百分之百地付出，却不求任何回报。”他说，“只有当你愿意为这段关系承担100%的责任时，这段关系才能维系下去。否则，如果一段关系交由命运来决定，会轻易被灾难摧毁。”

我很快就明白了这个概念，它可以改变我生活的每一个方面。如果我总是对我所经历的一切承担100%的责任——对做出的所有选择拥有100%的支配权，对如何应对发生在生活中的一切拥有100%的掌控权。这一切都取决于我。我做过什么，没做过什么，我怎么对生活做出回应，这一切都是我自己的责任。

我知道你认为你需要对自己的生活负责，我还没见过谁回答不是。但你看看大多数人的所作所为，你会看到很多时候人们都指责别人，认为自己是受害者，怪罪别人，期待别人或政府帮助解决自己的问题。如果你曾经因为迟到怪罪交通，认为你心情不好是因为孩子、配偶或同事，你就没有百分之百地承担责任。

你做什么或者不做什么，或者如何对生活做出回应，都应该由你自己一个人负责。这种赋权思想彻底改变了我的生活。重要的不是运气、环境或局势，而是取决于我。我可以自由飞翔。无论谁当选总统，经济多么差，或任何人说了什么，做了什么或者没做什么，我仍然百分之百地掌控着我自己。通过选择从受害者心态中正式解放自己——无论是过去、现在还是未来——我拥有了控制自身命运的无限力量，我中了头彩。

交好运

也许你觉得你就是单纯地不走运。但实际上，这只是另外一个借口。非常富裕、快乐和健康，或者破产、沮丧和不健康之间的区别在于你一生中做出的选择，不是什么其他的东西在起作用。关于运气，真相是这样的：我们都很幸运。如果你活着，很健康，橱柜里还有一点儿食物，你就已经十分幸运。每个人都有机会交好运，因为除了拥有基本的健康和生存条件外，运气可以归结为一系列选择。

当我问理查德·布兰森他是否觉得运气在他的成功中发挥了作用时，他回答说：“是的，当然，我们都很幸运。如果你生活在一个自由的社会，你很幸运。运气每天都环绕在我们身边，无论你有没有认识到这一点，一直都有幸运的事情发生在我们身上。我没有比其他任何人更幸运或更不幸。不同之处在于，当运气来了的时候，我抓住了它。”

关于这个话题，我信奉我们常听到的那句古老谚语——“运气就是机会遇到了准备”——但还不够。我认为运气还需要另外两个关键因素。

交好运的（完整）公式：

准备（个人成长）+

态度（信仰／心态）+

机会（出现在你身边的好事）+

行动（做点什么）= 运气

准备：通过不断改进，让自己准备好技能、知识、专业、关系和资源，等等，确保当好机会出现时（当运气降临时），你有足够的储备来利用这些机会。然后，你就可以成为阿诺德·丹尼尔·帕尔默（Arnold Daniel Palmer[①]）那样的人，他在 2009 年 2

① 阿诺德·丹尼尔·帕尔默：美国著名职业高尔夫球手。

月向《成功》杂志表示，“有趣的是：练习得越多，我就越幸运。”

态度：这是运气绕开大多数人的原因，而理查德爵士的看法十分准确，他相信运气就在每个人身边。问题仅仅在于人们觉得自己处在什么情境、进行什么对话、面临什么环境是偶然的。一样东西，如果你不去寻找，你就看不到；如果你不相信，你就没办法去寻找。

机遇：给自己创造好运是可能的，但我在这里说的运气并不是计划好的，也不会比预期中来得更快或以不同的方式出现。在交好运公式的这个环节，运气不是勉强来的。它是一种自然现象，似乎是自然而然出现的。

行动：这时就需要你的介入了。无论运气是怎么降临到你头上的，它是由宇宙、上帝、幸运小精灵或任何你觉得有关系的人或物给你带来的好运——现在需要你来采取行动了。这就是里查德·布兰森和约瑟夫·沃灵顿斯的区别。约瑟夫是谁？没错。你从没听说过他。那是因为他没能对降临在他头上的所有运气采取行动。

因此，别再抱怨你手里的牌不好，或者你遭受了重大挫折，或任何其他问题。无数人比你有更大的缺陷和障碍，但他们更富有，更满足。运气是一个机会均等的分销商。运气女神的光辉普照万民，但你不能打开遮阳伞，你得直面天空。归根结底，亲爱的，一切都取决于你自己。除此之外别无他法。

磨炼大学（University of Hard Knocks，UHK）学费高昂

大约十年前，我应邀成为一家初创企业的合伙人。我投进去了一大笔钱，不知疲倦地工作了快两年，后来我发现合作伙伴管理不善，挥霍掉了所有资金。我损失了 33 万多美元。我没有想过要起诉他。事实上，我后来借给了他更多的钱来处理个人事务。这件事的底线是，损失是我自己的错。我已经同意成为他的合伙人，却没有对他的背景和个性做足够的尽职调查。在我们合伙期间，我没有检查公司业绩是否达到预期。我可以找借口说，因为我信任他，但事实是，我没有勤快地关注企业的财务状况，我为自己的懒惰感到内疚。我不仅选择了开始这种合作关系，开始经营企业，我还选择了忽略高高亮起的红灯和其他警示信号。因为我选择不对企业完全负起责任，所以最后，我就要对结果负责。当我认识到错误时，我选择不再浪费时间去争辩。相反，我

舔了舔伤口，吸取了教训，继续前进。现在看来，我还是会做出同样的选择，选择重整旗鼓，继续前进。

我现在要求你做同样的选择。无论发生了什么，都要对这件事完全负责——无论好坏，无论成败，掌控它。我的导师吉姆·罗恩说："当你从孩提时代毕业，成为成年人的那一天，就意味着你要开始对生活负起全部责任。"

今天就是毕业典礼！从今天开始，选择对你的生活 100% 负责。抛弃一切借口。拥抱这个现实吧：只要你能对自己的选择承担全部责任，你就因为自己的选择拥有了自由。

是时候选择掌控生活了。

你的秘密武器——记分卡

我将向你介绍我在个人发展过程中使用过的最好的策略之一。这种策略可以帮助我管理一整天的选择，让一切都有条不紊地落实到位，固化我的行为模式，把习惯驯服得像顺从忠诚的仆人一样。

就是现在：选择一个生活中你最想要成功的领域。你希望银行账户里有更多钱吗？想减减腰围？想拥有能参加铁人赛的强健体魄？想和你的配偶或孩子关系更好？想想你现在处在什么位置，你想达到什么位置——更富有，更瘦，更快乐。随你想怎么样。改变的第一步是意识。如果你想从自己现在的位置抵达目的地，你就必须先了解哪些选择可能会让你远离目标。要非常清楚你今天做出的每一个选择，这样你以后就可以做出更聪明的选择。

为了帮你意识到自己的选择，我希望你记录与你想要改进的生活领域有关的每一个动作。如果你下决心要摆脱债务，你就要记录从口袋里掏出的每一分钱。如果你下决心要减肥，那么你就要记录你放进嘴里的每一样东西。如果你决定要为参加体育比赛进行训练，你就要记下你走的每一步，你进行的每一次锻炼。只需要随身携带一个小笔记本，你可以把它放在口袋或钱包里，还需要一支笔，你要把这些内容记下来。每天。务必。没有借口，没有例外。就好像老大哥在看着你那样。就好像我和我父亲会来找你，让你每漏记一次就要做一百个俯卧撑那样。

听上去不是什么了不起的事，不过是在一张小纸片上写写画画，但记录我的进步和失误是我能够积累现有成功的原因之一。这个过程迫使你直视自己做出的决定。但正如吉姆·罗恩所言，

“简单的事做起来也并不简单。”神奇之处不在于这项任务多么复杂，而是通过反复做一些简单的事，让时间去点燃复合效应的奇迹。所以，要小心不要忽略生活中简单的小事，因为正是它们成就了你生活中的大事。成功人士与不成功人士之间最大的区别在于，成功人士愿意做不成功的人不愿意做的事。记住这一点。因为当你在人生中无数次面临困难、乏味或棘手的选择时，它将派上用场。

金钱陷阱

我曾经像个白痴一样对自己的财务状况一无所知，之后我才通过一种艰难的方式掌握了记录的力量。我在 20 岁出头时，通过卖房地产赚了很多钱，有一天我遇到了我的会计师。

“你欠了超过 10 万美元的税。”他说。

“什么?！”我说，“我身边没有那么多富余的现金。”

“为什么没有？”他问，“你已经收了好几次款了，当然要把这些收入中需要交的税拨出来放一边。”

“我显然没这么干。”我说。

“钱都去哪儿了？”他问。

“我不知道。”我说。当然，忏悔让我清醒了过来。这笔钱像水一样在我这儿过了道手，我甚至都没有注意到！

然后我的会计师帮了我大忙。

“孩子，”他直直地看着我的眼睛，说道，“你必须要理好财。我见过太多这样的例子。你像个喝醉酒的傻瓜一样花钱，甚至都不知道怎么解释花出去的钱，这么做很蠢。停下来。你现在真的陷入了困境。你需要赚更多的钱，才能还上现在欠的税，但你今后赚的钱又产生了新的税。一直持续下去，等于是用你自己的钱包给自己挖了个财务坟墓。”

我立刻就听进去了。

以下是我的会计师让我做的事情：在我的口袋里随身携带一个小记事本，记下我 30 天里花的每一分钱。无论是一件 1000 美元的新西服，还是打气花的 50 美分，所有这一切都要记在笔记本上。我立刻就认识到，我无意识中做出的很多选择让钱从口袋里不断流出。因为我必须记下每一笔花销，所以有时我会放弃买一些东西，这样我就不用拿出那个见鬼的笔记本记下这笔花销！

连续 30 天记录下每一笔开支，奠定了我对金钱的新认识，还让我在消费中创造了一套全新的选择和训练模式。此外，由于我的认知和积极的行为不断复合，我发现自己整体上对待金钱的态度更加主动了，我会留出更多的钱用于退休储蓄，会找出明显可以避免浪费的领域，享受钱商的乐趣，等等。当我想花钱出去玩时，我只有经过长时间的思考才会这样做。

这种记录练习改变了我对自己与金钱关系的看法。这种方式非常有效，我已经多次使用它来改变其他行为。面对困扰我的一切，我就用记录来实现改变。多年来，我一直在记录我的饮食、锻炼、提高某项技能花费的时间，打出销售电话的数量，甚至我如何改善与家人、朋友或配偶的关系。就像记录花销唤醒了我对金钱的深刻意识一样，每一次的记录都带来了深远的影响。

如果你买了这本书，可以算是在为我的意见和指导付费。所以，我要做一个强势的人，坚持要求你记录下你的行为，至少要记一周。这本书不是为了给你找乐子，它的目的是帮你收获成果。想要有收获，你必须采取行动。

你之前可能也听说过记录的方法，或者你其实可能曾经用自己的方式完成了这个练习。但我打赌你现在肯定没有继续记录，对吧？我怎么知道？因为你的生活没有像你想象的那么成功。你偏离了轨道，记录是让它回到正轨的方法。

你知道拉斯维加斯的赌场为什么这么赚钱吗？因为他们记

录下每张桌子、每个赢家、每一小时的情况。为什么奥运会教练能拿到高薪？因为他们记录下运动员的每一次锻炼，消耗的每一卡路里、摄入的每一种微量营养素。所有获奖者都是记录者。现在，我希望你出于同样的原因记录你的生活——为了实现你的目标。

记录是一项简单的练习。它之所以有效，是因为它可以让你时刻认识到，你在想要改进的生活领域采取了哪些行动。你会对你观察到的一切感到惊讶。除非你了解一件事的情况，否则你无法对其进行管理或改进。同样地，如果你不了解自己的行为，不能对自己的行为负责，你就无法充分利用自己的优势——你的才华、资源和能力。每位职业运动员和他们的教练都会记录他们每次训练或比赛中最小的细节。投手们知道他们每一次投掷的统计数据；高尔夫运动员每次挥杆时要记录的指标更多；专业运动员知道如何根据他们的记录调整表现。他们会关注记录中的内容，做出相应改变，因为他们知道，如果他们的统计数据提高了，就可以取得更多胜利，获得更多代言。

我希望你在任何时刻都清楚地知道自己的表现如何。我要求你在对自己的生活进行记录时，把自己当成一个有价值的商品。因为你确实是。想拥有我们之前谈过的那种简明可靠的系统吗？

就是这个。所以，不管你觉得是否清楚自己的习惯（相信我，你不清楚），我要求你开始进行记录。这样做将彻底改变你的生活，并且最终改变你的生活方式。

保持缓慢而轻松

不要惊慌。让我们从轻松、和缓的节奏开始，一周只记录一个习惯，选择控制你程度最深的习惯。这就是你的起点。一旦你开始收获复合效应带来的奖励，你自然会希望将这种练习引入你生活的其他方面。换句话说，你会自己选择进行记录。

假如说，你选择的类别是控制饮食，原因是你想减肥。你的任务是记下你塞进嘴里的所有东西，从晚餐时的牛排、土豆和沙拉，到白天那些很小的选择——休息室里的几个椒盐卷饼，往三明治里放的第二片奶酪，那个“迷你”糖果棒，超市的试吃品，聚餐时主人给你的杯子满上后你又多喝的几口酒。别忘了还有饮料。它们都算，但除非一一记录，不然它们很容易被忽视或遗忘，因为它们看上去实在不算什么。同样地，写下这些东西听起来很简单——而且确实简单——但只有当你确实开始记了之后，才能说这事简单。这就是为什么我要求你现在就要选定一个领域以及一个开始日期。

我将从[日/月/年]开始记录____________。

记录是什么样的？细致的，系统的，而且是不间断的，持续的。每天你都会掀开新的一页，从最顶端的日期开始，进行新一天的记录。

记录了1周后会发生什么，你可能会感到震惊。你会惊讶于那些卡路里是如何摄入的，那些钱、时间是如何流逝的。你甚至从来不知道它们曾经出现过，更不会知道它们已经消失了。

现在，继续。在这个领域持续记录3个星期。也许你已经在抱怨：你就是不想记。但请相信我：一周之后你就会对结果感到震惊，你会自己完成接下来的两周。我可以保证。

为什么是3个星期？你一定听说过，心理学家说除非持续练习3个星期，否则不会形成习惯。这不是一种精确的科学说法，但它是一个很好的基准，而且这个数字对我是有效的。因此，理想情况下，我希望你坚持记录21天。如果你拒绝，我不会失去任何东西（这不是我的腰围、血管健康、银行余额或你搞得一团乱的关系）。但是，说真的，你正在读这本书，因为你想改变你的生活。而且我答应过你需要缓慢但持续地采取行动。持续行动并不容易，但这种方式简单又便于操作。所以，开始行动吧。

向自己保证，就在今天开始。接下来的三周，选择随身携带一个小笔记本（如果你觉得大本子的激励作用更强，那就用大本），记录下在你选定的领域里发生的每一件事。

3周后情况如何？你从第一周的冲击中走出来，惊喜地看到，仅仅是意识到行为的发生，就开始对你的行为产生塑造作用。你会问自己：我真的想要那颗糖果吗？我必须把我的笔记本找出来，记下来，而且我会觉得有点难为情。这样就省了200卡路里。每天都拒绝那颗糖果，两个多星期的时间你就能减重1磅！你会把每天上班途中花4美元喝的那杯咖啡累计起来，然后意识到，天啊！我在三周内光喝咖啡就花了60美元，那一年就是1000美元。或者，采用复合算法，20年就是51,833.79美元！你停下来买杯咖啡的花费到底是多少？

我的意思是你每天花4美元喝杯咖啡，20年的实际支出是51 833.79美元吗？是的。你知道你今天花的1美元，无论你花在什么地方，仅仅20年后就相当于你花了差不多5美元（30年就要10美元）？那是因为如果你把这1美元用于投资，如果利率为8%，那么20年内，这1美元的价值将接近5美元。你今天每花的1美元，就相当于从你未来的口袋里拿走了5美元。

图 2-1

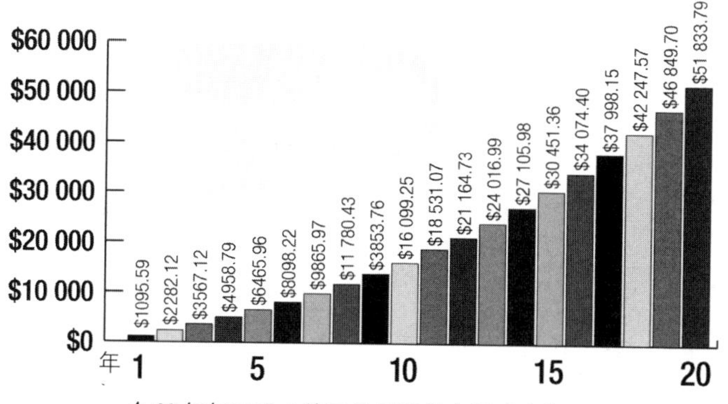

一个 20 年每天喝 4 美元的习惯的实际成本为 51833.79 美元，这就是复合效应的力量。

我曾经犯过这个错，我看着商品的标签，以为如果一件商品标价 50 美元，那我的支出就是 50 美元。嗯，是的，今天的 50 美元。但是，如果你想一想，如果把这 50 美元用于投资，20 年后能有多少潜在价值，你花掉的就是这笔钱的 4 倍或 5 倍！换句话说，每当你看到一个标价 50 美元的商品时，你必须问：这件商品价值 250 美元吗？如果它现在就值 250 美元，那它就值得买。下次去商店这样的地方时，请记住这一点，因为那有很多你一开始去的时候并不知道一定得买的好东西。你本来是打算花 25 美元买点必需品，结果走的时候买了 400 美元的东西，车库看起来像一个商店墓地。下次走进特卖场时，要从商品的未来价值进行评估。这样你可能会放下那个价值 50 美元的班戟炉，未来你的银行账户里就能多出 250 美元。长期保持每天、每星期都做出正确的选择，你很快就可以快速了解如何实现财务自由。

当你这样进行刻意记录时，你会发现自己在生活中的表现截然不同了。你会问自己，“每个工作日喝杯咖啡值得最后花掉一部梅赛德斯 - 奔驰的价格吗？”因为这个价格是你最终支付的成本。更重要的是，你不再稀里糊涂了。你对自己做的选择有了清醒的认识，并有意识地做出更好的选择。全部来自一个小笔记本和笔。简直太棒了，不是吗？

看不见的无名英雄

一旦你开始记录生活，你的注意力将集中在你做过的每一件事上，无论多小，无论对错。哪怕是最小的事情，当你选择持续修正航线时，随着时间的推移，也能看到惊人的结果。但不要指望立即就有大变化。当我说小的航线修正时，我说的真的是那些毫不起眼的事，很可能没有人能注意到它们。因此你也不会收获掌声，没有人给你的自律发奖状。然而，最终，它们的复合效应将带来非凡的回报。随着时间推移，这些小事上的自律会收到回报，你所付出的努力、做的准备会在没人留意的时候收获巨大成功。一匹马以微弱的优势赢了，但获得的奖金是第二名的10倍。这匹马快了10倍吗？不，只快了一点点。是在赛马场上多跑的那些圈数，是平时营养里多出的那一点严格，是驯马师多做的一点工作形成的复合效应使这匹马的成绩比第二名稍微好了一点。

经过数百场比赛和数千次击球，排名第一的高尔夫球手和排名第10的高尔夫球手之间的差距平均只有1.9杆，但奖金的差异是5倍（至少1000万美元 vs 200万美元）！排名第一的高尔夫球手并没有比第10名强5倍，他们之间的差距甚至不到50%，或者不到10%。事实上，他们的平均得分仅仅相差2.7%。然而，结果却要好5倍。

图 2-2

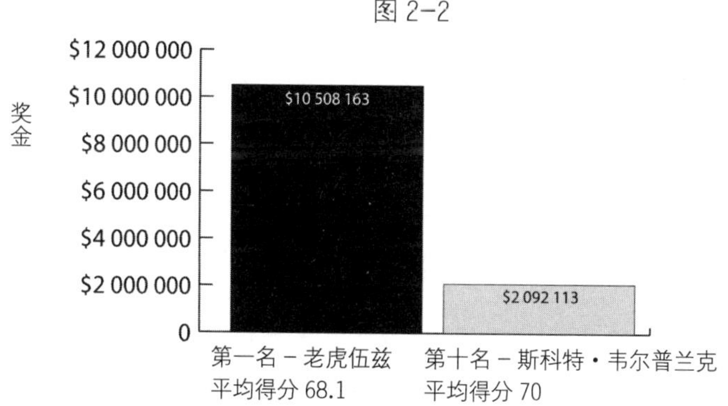

排名第一的高尔夫球手和排名第十的高尔夫球手的平均差距仅为1.9杆，但奖金却差距5倍。这就是复合效应的力量。

［资料来源：截至2009年12月中旬的联邦快递杯排名］

这就是小事累积起来的力量。最终累积到一起的不是什么大事，而是数百万的小事将普通与不平凡区分开。想要领先1杆，需要的是在无数不起眼的小事上做得更好。虽然当你穿上冠军的那件绿夹克时，没有人会把成功归结于这些小事。

让我再举几个例子，看看对小变化的记录能带来什么样的巨大回报。

散步

我曾对一家大公司的CEO提供指导，他想要实现每年超过1亿美元的销售额。菲尔是位创业家，是该公司的创始人。公司业绩不错，但我发现公司的企业文化缺乏投入、信任和热情。我并不太惊讶，事实证明，超过5年的时间里，菲尔都不算是公司大楼里的一部分。公司8成以上的员工都没跟他说过话！他基本上和管理团队一起生活在透明罩里。我让菲尔只记录一个变化：他必须每周走出办公室三次，在公司大楼周围走走。他的目标是，找到至少三个事情做得不错或者表现不错的员工，亲自给他们一些认可。这个小变化每周花费不到一个小时，但随着时间的推移，产生了巨大的影响。得到菲尔认可的员工开始加倍努力，超越自己，以获得更大的赞赏。其他员工也开始表现得更好，因为他们看到努力工作可以得到认可和赞赏。员工们的新态度产生了涟漪效应，转移到了他们与客户的互动中，改善了客户的公司体验，回头生意和老客户推荐的生意增加了，这提高了每一名员工的自豪感。在 18 个月的时间里，这个简单的改变使公司文化产生了 180 度的大变化。在此期间，净利润增长了 30%以上，而员工还是同一批人，也没有进行额外的营销投入。所有这些都是因为菲尔在一段时间内始终如一地做了一个看似微不足道的小动作。

摇钱树

12 年前，我有一位出色的助手凯瑟琳。她当时每年赚 4 万美元，在我做创业和财富建设的讲座时，她负责管理房间后面的登记台。第二个礼拜，她走进我的办公室。“我听说，你要从每一笔收入里都节约 10%。”她告诉我，“听起来不错，但我无法做到。这完全不切实际！”她接着告诉我她有多少账单要支付，有多少财务义务要履行。她全部写下来之后，很明显月底什么钱都剩不下了。“我需要加薪。”她说。

“我给你的会比加薪更好。”我告诉她，“我要教你如何变富有。”这不是她想要的答案，但她同意了。

我教凯瑟琳如何记录她的消费，她开始随身携带笔记本。我让她开设一个单独的储蓄账户，往里存33美元——只占她现有月收入的1%。然后我告诉她如何在下个月把生活费减少33美元——每周有一天自己带午餐来，而不是去楼下餐厅点三明治、薯条和饮料。接下来的一个月，她节约了2%（67美元）。她通过变更有线电视订阅服务，多节省了33美元。再下个月，我们省下的钱增加到了3%。我们取消了《People》杂志订阅（她现在应该研究自己的生活），我还告诉凯瑟琳不要每周去两次星巴克，只需要购买星巴克的咖啡豆和其他配件，就可以自己在办公室做咖啡了（她后来开始喜欢自己做的咖啡——我也是）。

到今年年底，凯瑟琳省下了收入的10%，而且没有对她的生活方式产生看得见的重大影响。她很惊讶这种自制也对她生活中的许多方面产生了连锁反应。她算了算自己花在无聊的娱乐项目上的钱，开始把这笔钱用来投资个人成长。她的大脑接受了几百个小时的励志教学轰炸后，她的创造力开始飙升。她提出了一些关于如何在我们公司挣更多钱以及节约更多钱的想法。她提出了一个计划，表示愿意在她的业余时间进行落实，只要我承诺把省下的10%和新利润的15%奖励她。到第二年年底，她每年的收入超过了10万美元——虽然基本工资仍然是4万美元。凯瑟琳后来成立了自己的独立合同服务业务并迅速发展。两年前，我在机场碰到了凯瑟琳。她现在每年收入超过25万美元，通过节约和创造，她已经拥有超过100万美元的资产，她是百万富翁了！一切都源于当时迈出的那一小步——每月开始节省33美元。

时间就是生命

越早开始做出小的改变，复合效应对你产生的积极作用就越强大。假设你的朋友听了戴夫·拉姆齐的建议，在23岁大学毕业后参加第一份工作时，就每月存250美元进她的个人退休账户。而你直到40岁才开始存。（或者你也早早开始存了，但因为觉得没看到大收益而在某天清空了退休账户。）你朋友40岁时，她再也不需要投入1分钱，但按照8%的利息计算复利，她67岁时账户里就能有超过100万美元。你每个月持续投资250美元，一直存到67岁（这是社会保障规定的1960年后出生人口的正常退休年龄）。这意味着你存了27年钱，而她只存了17年。当你准备退休时，你的存款不到30万美元，而投入的钱却将比你的朋友多2.7万美元。即使你存钱的年头更多，投入的也更多，但你得到的钱仍然不到你朋友的三分之一。如果我们拖拖拉拉，无视了这些必要的举动、习惯和训练，就会出现这种情况。不要再拖一天才开始那些能引导你朝着目标前进的小练习了！

你是不是在想，自己这么晚才开始，已经落后了八球，永远都赶不上了？那只是你脑子里另外一套陈词滥调。把它关掉。获得复合效应的好处永远不会太晚。假设你一直想弹钢琴，但觉得为时已晚，因为你就快40岁了。但如果你现在就开始，到你退休的时候，你可能会成为一名大师，因为你已经弹了25年了！关键是现在开始。每一个伟大的行为，每一次奇妙的冒险，都始于小步骤。第一步总是看起来比实际更难。

但如果25年太长了呢？如果你只有10年的时间或耐心怎么办？在博恩·崔西的另一本书《焦点》（Amacom，2002）中，他模拟了如何1000%地改善你生活中的任何一个方面。不是10%，甚至也不是100%，而是1000%！我给你总结一下。

你要做的就是在每个工作日把你自己，你的表现，你的产

图 2-3　复合效应的力量

朋友			你		
年龄	年	年末余额		年	
23	1	$3112.48	23	1	0
24	2	$6483.30	24	2	0
25	3	$10 133.89	25	3	0
26	4	$14 087.48	26	4	0
27	5	$18 369.21	27	5	0
28	6	$23 006.33	28	6	0
29	7	$28 028.33	29	7	0
30	8	$33 467.15	30	8	0
31	9	$39 357.38	31	9	0
32	10	$45 736.51	32	10	0
33	11	$52 645.10	33	11	0
34	12	$60 127.10	34	12	0
35	13	$68 230.10	35	13	0
36	14	$77 005.64	36	14	0
37	15	$86 509.56	37	15	0
38	16	$96 802.29	38	16	0
39	17	$107 949.31	39	17	0
40	18	$120 021.53	40	18	0
41	19	$129 983.26	41	19	$3112.48
42	20	$140 771.81	42	20	$6483.30
43	21	$152 455.80	43	21	$10 133.89
44	22	$165 109.55	44	22	$14 087.48
45	23	$178 813.56	45	23	$18 369.21
46	24	$193 655.00	46	24	$23 006.33
47	25	$209 728.27	47	25	$28 028.33
48	26	$227 135.61	48	26	$33 467.15
49	27	$245 987.76	49	27	$39 357.38
50	28	$266 404.62	50	28	$45 736.51
51	29	$288 516.07	51	29	$52 645.10
52	30	$312 462.77	52	30	$60 127.10
53	31	$338 397.02	53	31	$68 230.10
54	32	$366 483.81	54	32	$77 005.64
55	33	$396 901.78	55	33	$86 509.56
56	34	$429 844.43	56	34	$96 802.29
57	35	$465 521.31	57	35	$107 949.31
58	36	$504 159.35	58	36	$120 021.53
59	37	$546 004.33	59	37	$133 095.74
60	38	$591 322.42	60	38	$147 255.10
61	39	$640 401.89	61	39	$162 589.69
62	40	$693 554.93	62	40	$179 197.03
63	41	$751 119.64	63	41	$197 182.78
64	42	$813 462.20	64	42	$216 661.33
65	43	$880 979.16	65	43	$237 756.60
66	44	$954 100.00	66	44	$260 602.76
累计总数 = 67	45	**$1 033 289.83**	67	45	**$285 345.14**
总投资额 =		**$54 000.00**			**$81 000.00**

朋友　你

出和收入提高1%的1/10（你甚至可以在周末懈怠）。那就是1/1000。你认为你能做到吗？当然，任何人都可以做到这一点。一周中的每一天都这么做，每周你会提高0.5%（也就是：不多），每月相当于2%，在复合效应的作用下，每年总共提升26%。你的收入现在每2.9年就能增加一倍。到第10年，你的表现和收入可以达到现在的1000%。是不是很棒？你无须在工作中付出1000%的努力，也不需要多工作1000%的工作时间。每天只需要提高1%的1/10。仅此而已。

成功是（半程）马拉松

贝弗利是一家教育软件公司的销售人员，我正在帮助这家公司做出转变。有一天，她告诉我，她的一个朋友即将在周末参加半程马拉松赛。“我永远做不到这样的事。”明显超重的贝弗利十分肯定地说，“光是爬一段楼梯我就不行了！”

“如果你愿意，你也可以选择做你朋友正在做的事情。”我告诉她。但她畏缩了，说：“绝对不可能。”

第一步是帮助贝弗利找到动力。“那么，贝弗利，你为什么想参加半程马拉松？”

“那个，我们明年夏天要举办20年高中聚会，我希望自己的状态看起来很棒。但是自从5年前生了二胎以来，我的体重增加了很多。我现在不知道该怎么办。”

这就对了。现在我们有了一个能够激励人行动的目标，但我还是保持谨慎。如果你曾尝试减肥，你可能知道过程是这样的：在健身房花大价钱办张会员卡，买私教课，买新设备（漂亮的新运动服和运动鞋）。努力锻炼一个星期左右，椭圆机就变成晾衣架了，健身房就被抛在脑后，运动鞋就扔在角落里发霉。我想和贝弗利一起尝试一种更好的办法。我知道，如果我能让她只选择对一种新的习惯上瘾，那么，剩下的事情就顺理成章了。

我让贝弗利开着车绕她所在的街区一圈，从她的房子开始画出一个1英里的圈。然后，我让她在两周内沿着这个路线走3圈。请注意，我没有要求她开始跑步。相反，从一些小而简单的任务开始，这些步骤不需要下大力气。接下来的两周，我让她一周走3圈。每天她都选择继续。

接下来我告诉贝弗利要开始慢跑，但前提是她觉得舒服。一旦她觉得上气不接下气，她就要停下来继续走路。我让她一直这么做，直到她可以跑1/4英里，然后是半英里，然后是3/4英里。就这么又花了3个星期——出去跑了9次——她才能慢跑完1英里。总共七周后，她就可以跑下完整的一圈了。对于仅仅1

英里的胜利而言，这似乎花了很长一段时间，对吧？毕竟，马拉松的一半是 13.1 英里。1 英里什么都算不上。然而，重要的是，贝弗利开始看到她如何为了聚会开始健身。她的“为什么”力量（我之后在 P069 会解释）——为她新的健康习惯提供了动力。复合效应已经启动，正在开启它神奇的过程。

然后我要求贝弗利每次出去跑步都增加 1/8 英里（这个长度几乎看不出来，可能只是多跑 300 步）。6 个月后，她跑到了 9 英里，没有任何不适。9 个月后，作为她日常跑步计划的一部分，她经常跑 13.5 英里（超过半程马拉松的距离）。然而，更令人兴奋的是她生活中发生的其他事。贝弗利失去了对巧克力（终身嗜好）和油腻食物的渴望。心肺运动让她的精力提升，加上更健康的饮食选择，她在工作中也更加热情。她的销售业绩在同一时期翻了一番。

正如我们在前一章中所见，这个势头引发的涟漪效应提高了她的自尊心，她因此对丈夫更亲近，他们的关系达到了大学之后最融洽的一段时间。因为她重新焕发活力，她与孩子的互动更加活泼。同时她也注意到她没有时间和她黛比唐纳型的朋友们一起出去鬼混了，她的这些朋友下班后仍聚在一起大吃大喝，而她加入了一个跑步俱乐部，交了新的健康朋友——这又给她带来了一系列其他的积极选择、行为和习惯。

从第一次和我在办公室谈话，到贝弗利决定找到她的“为什么”力量并采取了一系列小步骤之后，她共计减重超过40英镑，成为一个为健康赋权女性代言的行走（和跑步）的广告牌。后来，贝弗利参加了全程马拉松比赛！

你的生活是你时时选择的产物。在我们的《成功》2010 年 5 月的 CD 中，《最大失败者》节目的健身教练基里安·迈克尔斯和我分享了一个很有力量的童年故事。当他还是个孩子时，他母亲会藏好精心制作的复活节彩蛋，让他来找。他会在家里跑来跑去，如果他接近了一个藏起来的蛋，他的母亲会说：“你快找到了。”当他离蛋越来越近时，她会说，“你正中目标”。如果他离鸡蛋越来越远，她会说，“哎呀，你跑偏了”。他也因此教导参赛者，他需要他们时时刻刻都把“快找到了”当成自己的快乐源泉和终极目标——要时刻去想他们在当下做出的每一个选择和决定都正在让他们更接近最终目标。

因为你最后的产出和成果是你每一个选择的结果，你可以通过改变这些选择，从而获取不可思议的力量来改变生活。一步步，一天天，你的选择将塑造你的行为，直到行为固定成习惯，再通过实践将习惯变成永恒。

失去是一种习惯，胜利也是如此。现在让我们努力把获胜的习惯永久浇铸到你的生活中。清除破坏性的坏习惯，输入成功需要的好习惯，你可以让生活通往想要的任何方向，达到所能想到的最高高度。让我来告诉你怎么做。

让复合效应为你服务（二）

行动步骤总结

·你在生活中的哪个领域，哪段关系或哪种环境里觉得最挣扎？开始记录让你心怀感激的所有场景。记下这个领域里所有能让你更感恩的事。

·在你生活中的哪些方面，你没有对现在的成败承担100%的责任？写下你曾经失败的三件事。列出你应该做但没做的三件事。写出曾经发生但你没有做出正确应对的三件事。为了重新对生活负起全部责任，写下你现在可以开始做的三件事。

·在你想要改变和改善的一个方面，开始记录至少一种行为（例如，金钱、健康、健身、给予他人认可、养育子女，随便哪个方面）。

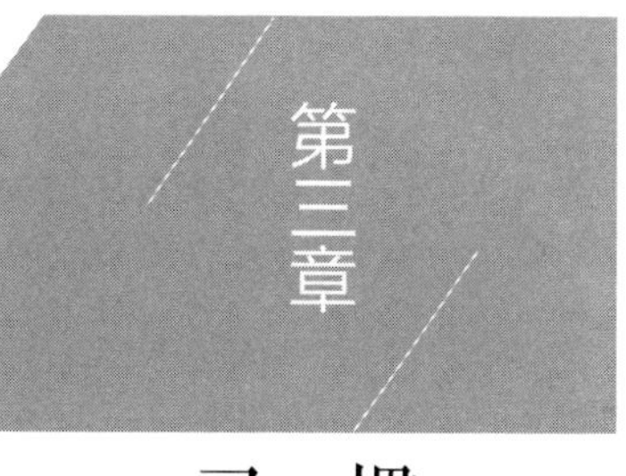

习 惯

成就上瘾

一位聪明的老师带着一个年轻的学生在树林里散步，在一棵小树前停了下来。

“拔起那棵小树苗，”老师指着刚从地里钻出来的新芽对学生说。这个年轻人用手指轻松拔了出来。“现在拔那个，”老师说道，指着年头更长的一棵树苗，它已经长到了男孩的膝盖部位。男孩几乎不费吹灰之力，猛地一拉，小树的根部和树干都拔了出来。“现在，试试这个。”老师说道，朝着一棵和学生一样高的成年常青树点点头。学生付出了巨大的努力，找来了棍棒和石头撬难以动摇的树根，终于拔了出来。

“现在，”老师说，“我希望你把这棵树拔出来。”男孩顺着老师的目光，看到一棵巨大的橡树，橡树十分高大，男孩几乎看不到顶部。他刚刚拔这棵常青树时，就已经用尽了力气，于是他告诉老师，“抱歉，我做不到。”

“我的孩子，你刚刚展示了习惯的力量对你生活的影响。”老师严肃地说道，“习惯年头越长、越大，根扎得越深，就越难以拔除。有些长久的习惯根深蒂固，你甚至可能连试都不想试。”

依赖习惯的生物

亚里士多德写道：“我们就是我们反复做的事情。”梅里亚姆·韦伯斯特这样定义习惯：“后天习得的一种几乎或者完全无意识的行为模式。”

在一个故事里，有个人策马疾驰，另一个人站在路边喊道：“你要去哪儿？”骑手回答说：“我不知道，问马！”这就是大多数人的生活。他们骑着习惯之马，却不知道这马要前往何处。是时候控制缰绳了，让生活朝着你真正想去的方向前进。

如果你一直采用自动驾驶模式，让习惯控制你，我希望你能明白这是为什么。而且我希望你能让自己摆脱这种模式。毕竟，你有这个优势。心理学研究表明，我们的感受、思考和行动有95%来自于习惯。当然，我们生下来只有直觉却没有习惯。随着时间的推移，我们养成了习惯。从童年开始，我们学会了一系列条件反射，这些反射让我们对生活中大多数情况自动做出反应。

在你的日常生活中，“自动”生活有积极作用。如果你不得不有意识地思考每个普通任务的每一步——制作早餐、开车送孩子上学、上班等——你的生活就会停滞不前。你每天刷两次牙，可采用的可能是自动驾驶模式。不需要专门对每件事进行哲学辩论，自然而然就这么做了。你的屁股挨到座垫那一刻，你就会毫不犹豫地系上安全带。我们的习惯和固定日程让我们在完成日常任务时只需要最低程度地调动意识。这有助于我们保持清醒，使我们能够相当好地处理大多数问题。因为我们不必过多地思考这些俗事，就可以将精力集中在更有创意、更丰富的思考上。习惯对我们有帮助，前提是，它们是好习惯。

如果你饮食健康，这可能是你在采购食品和在餐馆点单时培养起的良好习惯。如果你很健美，可能是因为你经常锻炼。如果你的销售工作很出色，那可能是因为你拥有做好心理准备以及正向归因的习惯。这些习惯让你在面对拒绝时仍然保持乐观。

我见过许多伟大的成功者、首席执行官和超级明星，并和他们有过合作。我可以告诉你，他们都有一个共同点——他们都有良好的习惯。这并不是说他们没有坏习惯，他们也有，但并不多。我们中最成功的人和其他人的区别就在于：日常生活中的好习惯。从我们已经讨论过的内容来看，你知道成功人士不一定比其他人更聪明或更有才华，但他们的习惯使他们朝着更有见识、更有学识、更有能力，准备更充分的方向发展。

小时候，我父亲常用拉里·伯德的例子教我养成习惯。“拉里传奇”被誉为最伟大的职业篮球运动员之一。但他并不是最具运动天赋的球员。在篮球场上，没有人会说拉里很优雅。然而，尽管他天生运动能力有限，但他还是带领波士顿凯尔特人夺得三项世界冠军，他本人一直是史上最优秀的球员之一。他是怎么做到的呢？

这得益于拉里的习惯——他对练习和提高比赛成绩的不懈努力。伯德是NBA历史上最稳定的罚球手之一。在成长过程中，他的习惯是每天早上上学前先练习500次罚球。凭借这种自律，拉里最大限度地利用了上帝赐予他的天赋，在球场上把一些所谓最有天赋的球员打得落花流水。你可以像拉里·伯德一样，调整自己自动、无意识的反应，养成冠军的习惯。

本章讲的是，如何选择通过自律、努力和良好的习惯来弥补你天生欠缺的能力，如何养成冠军的习惯。只要有足够的练习和重复，任何行为——无论好坏——都会随着时间的推移成为自动反应。这意味着，哪怕我们的大部分习惯都是在无意识中养成的（通过模仿我们的父母、对环境或文化做出回应，创建应对机制），我们仍然可以下决心有意识地改变它们。按理说，既然你的每一个习惯都是后天习得的，你就可以抛弃那些不能很好地为你服务的习惯。

从思想上摆脱即时满足的陷阱

我们知道，Pop-Tarts[①]果酱吐司饼干不会让我们的腰围变细；每晚花3个小时看《与星共舞》和《海军罪案调查处》，我们会没时间读本好书或听一个很棒的音频；买回来一双优质跑鞋并不能让我们为马拉松做好准备。我们是“理性”的生物——至少我们是这么告诉自己的。那么为什么我们会这么不理智地被这么多不良习惯奴役呢？这是因为我们对即时满足的需要可以把我们变成世界上最没脑子、被动接受的生物。

如果咬一口巨无霸，就因为心脏病发作立刻摔倒在地，你可能就不会再吃第二口。如果你抽的下一口烟瞬间就把你的脸变

---

① Pop-Tarts：全球知名谷物早餐和零食制造商家乐乐旗下品牌。

成了一张 85 岁布满皱纹的脸，那么你很可能就不会再抽烟了。如果你今天没打出第 10 个电话，就会被立刻解雇，并且破产，那么你一定会不假思索地拿起电话。如果只吃一口蛋糕就能立即让你增加 50 磅的体重，你可以不费吹灰之力地对甜点说“不，谢谢”。

问题在于，从不良习惯中获得的回报或即时满足感往往远远超过理性思维对长期后果的担忧。在当时看来，沉溺于坏习惯似乎根本没有任何负面影响。你的心脏病不会发作，你的脸没有变皱，你没有站在失业边缘，你的大腿也不会立刻粗得像柱子。但这并不意味着复合效应没有被激活。

是时候醒过来，意识到你沉迷的习惯可能会通过复合作用使你的生活变成灾难。对日常生活最微小的调整可以极大地改变你生活中的结果。再说一次，我不是在谈论巨大的变革，也不是要彻底改变你的个性、性格或生活。看起来无关紧要的小调整可以并将彻底改变一切。

从洛杉矶飞往纽约的飞机就是一个最好的例证——小调整能有多大的力量。如果飞机的机头偏离了航线的百分之一，这么小的调整几乎微不可见，但本应停在洛杉矶的停机坪上的飞机，最终将偏航 150 英里，到达奥尔巴尼的北部或特拉华州的多佛。

习惯也是同样。一个坏习惯在当时看起来并不算什么，却最终可能导致你远离目标和既定的生活方向十万八千里。

图 3-1

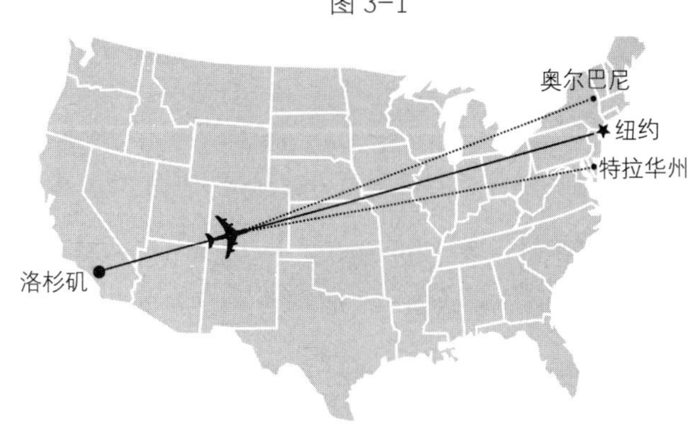

小调整的力量：改变路线 1％会导致偏离路线 150 英里。

大多数人在生活中都随波逐流，没有下意识付出精力弄清楚他们具体想要什么，他们需要做什么才能去往想去的地方。我想告诉你的是如何点燃激情，帮你用势不可挡的创造力瞄准你心里的梦想和渴望。铲除已经长成大树的坏习惯困难重重，顺利完成这个过程，需要的不仅仅是最坚定的决心，还需要更强大的力量，因为只凭着意志力是没办法去除坏习惯的。

找到你的护身符——你的“为什么”力量

改变习惯需要的是意志力。就像你想让饥肠辘辘的灰熊远离你的野餐篮，却只是用毛巾把篮子盖起来一样。为了对抗像灰熊一样强大的坏习惯，你需要力量更强大的东西。

如果你在实现目标的过程中出了问题，往往会认为自己缺乏意志力。但仅仅选择成功是不够的，更重要的是，什么能让你持续进行积极的选择？什么会阻止你重新陷入盲目的坏习惯？和你之前尝试了却又失败了的经历相比，这次会有什么不同？一旦你感到一点点不舒服，立刻就会受到诱惑，想重新回到原来舒适的日常生活中。

你以前尝试过使用意志力，但是失败了；你定好了目标，但后来放弃了。你以为上次减肥会完全成功。你以为去年打的销售电话能达到目标中的数目。让我们停止疯狂行动，去做一些不一样的事情，这样你就可以获得不一样的、更好的结果。

忘记意志力。现在是运用“为什么”力量的时候了。只有当你把你的选择和你的欲望以及梦想联系起来时，你的选择才有意义。最明智、最激励人心的选择是那些你认为符合你的目标、自我核心和最高价值的选择。你必须有想要的东西，知道你为什么想要，否则会很容易放弃。

那么，你的“为什么”是什么？如果你想对生活做出重大改进，肯定有一个理由。如果你“想要”做出必要的改变，你的“为什么”肯定能极大地激发你的干劲。你必须要有热情和魄力，而且是数年如一日的热情！那么，最触动你的是什么？找出你的“为什么”至关重要。能激励你的东西才能点燃你的激情，它是你热情的来源，是你坚持不懈的动力。这一点非常重要，我把它作为另一本书的重点，《活出你生命中最精彩的一年：实现大目标的有效体系》（Living Your Best Year Ever: A Proven System for Achieving BIG GOALS，成功书系，2011）。你必须知道你的“为什么”是什么。

“为什么”一切皆有可能

你的“为什么”力量让你能在艰苦、平凡和辛苦中坚持到底。所有的“怎么做”都没有意义，除非你的“为什么”足够强大。如果你的“为什么”力量不够好，如果你的承诺不够坚韧，那么你最终会像其他人一样，写下了新年决心，却早早放弃，重新回到梦游模式，做出糟糕的选择。我给你打个比方，帮你找到你的“为什么”：

如果我在地上放一块10英寸[①]宽，30英尺长的木板，告诉你如果你沿着木板走完全程，我会给你20美元。你会这样做吗？当然，这20美元很好挣。但是，如果我用同一块木板在两座100层大楼的楼顶间建了一座“桥”呢？沿着这块30英尺长的木板走一圈只挣20美元看起来就没什么吸引力了，你会看着我说：“不可能，又不是拿你的命冒险。”

但是，如果你的孩子在对面的大楼里，而那座大楼着火了，你会走过木板去救他吗？毫无疑问，你会毫不犹豫地这样做，不管有没有20美元。

图3-2

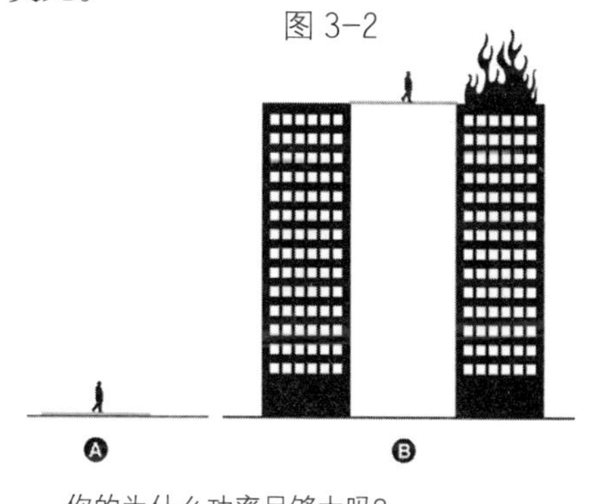

你的为什么功率足够大吗?

① 英寸：英制长度单位，1英寸=2.54厘米。

你的“为什么”力量是否足够强大?

为什么我第一次请你越过那个高耸的木板，你说不可能，但第二次却不犹豫了？风险和危险是一样的。什么改变了？你的“为什么”改变了——你想要这样做的理由改变了。当原因足够强大时，人们几乎愿意用任何方式主动采取行动。

想要真正点燃你的创造潜力和内在动力，你必须找出超越金钱和物质的动机。并不是说那些动机不好。事实上，他们很棒，但物质无法真正让你的心灵、灵魂和胆量加入战斗。这种激情必须来自更深层次的地方。而且，即使你获得了那些闪闪发光的物品，你也无法得到真正的奖励——幸福感和满足感。在我采访最佳表现专家安东尼·罗宾斯（《成功》杂志，2009 年 1 月）时，他说：“我看到商业巨头实现了他们的最终目标，却仍然生活在沮丧、担忧和恐惧中。是什么阻碍了这些成功人士获得快乐？答案是他们只专注于成功，而不是满足感。非凡的成就并不能保证带来非凡的快乐、幸福、爱和意义。因此我认为没有满足感的成功就是失败。”

这就是为什么选择成功还不够。你必须挖得更深，才能找到你的核心价值，激活你的“为什么”力量。

核心价值

想要发挥你的“为什么”力量，连接点是你的核心价值观，你的价值观定义了你是谁、你的立场是什么。你的核心价值观是你的内部指南针、导航信标、个人 GPS。它们像过滤器一样，把生活里所有需求、请求和诱惑都进行过滤，确保它们能引导你前往目的地。确定核心价值并进行适当校准，是将生活重新导向宏伟愿景的最重要步骤之一。

如果你的价值观尚不明确，你可能会发现自己做出的选择与你想要的东西相互冲突。举例来说，诚实对你来说很重要，但是你和骗子一起出去玩，这就出现了冲突。当你的行为和价值观发生冲突时，你会感到不快乐、沮丧和失望。事实上，心理学家告诉我们，没有什么能比行为和价值观不一致产生的压力更大。

界定核心价值观也有助于简化生活，提高生活效率。当你确定了自己的核心价值观时，决策也会更容易。面对选择时，问问自己：“这与我的核心价值观一致吗？”如果一致，那就去做吧。如果不一致，请不要回头看，所有的烦恼和犹豫不决都会烟消云散。

要确定你的核心价值，请使用P188的“核心价值评估表”。

找到属于你的战斗

人们要么被他们想要的东西所激励，要么被他们不想要的东西激励。爱是一种强大的动力，仇恨也同样如此。讨厌疾病，讨厌不公正，讨厌无知，讨厌自满，等等。有时，确立一个敌人可以点燃你的能量。当我有一个敌人要战斗时，我就能获得最强大的动力和决心，能够持之以恒地坚持。历史上，最具变革性的事件往往是政治革命斗士与敌人作战的结果。大卫和歌利亚，美国人和英国人，卢克和黑武士，洛基和阿波罗·克里德，拉什·林博和自由党，兰斯·阿姆斯特朗和癌症，苹果和微软。我们还可以继续举例，但你肯定已经明白我在说什么了。

敌人给了我们勇敢站起来的理由。因为必须要战斗，这对你的技能、性格和决心都提出了挑战。战斗迫使你评估你的才干和能力，不断锤炼。没有激励人心的斗争，我们会变得肥胖懒惰，我们会失去力量和目标。

过去我指导过的一些客户担心他们的“为什么”力量来自不那么崇高的目标。他们因为想证明反对者是错的而觉得内疚，他们想回击那个说他会一事无成的人，想在比赛中战胜那个总是高人一等的兄弟姐妹。但是，其实动机是什么并不重要（只要它是合法的、符合道德的），你的动机不需要是伟大的人道主义原因，重要的是能够让你充满干劲。有时，这种动机可以帮你利用强烈的负面情绪或负面体验实现更强大、更成功的结果。

对于历史上最著名的足球教练皮特·卡罗尔来说，这种说法尤其正确。我们在 2008 年 9 月《成功》杂志上发表了卡罗尔的专题报道，他这样解释他早期努力的动力：“长大以后，我有点傻。我体格太小了，做不出什么成就。过了很多年，我才做到了一个有点竞争力的位置。那段时间里，我都在告诉自己这样一个事实：我本身是一个更出色得多的人，我需要努力战斗来证明这一点。我之所以沮丧，是因为我知道我本可以很特别。”

卡罗尔的战斗最终造就了他的伟大。

我们 2010 年 3 月的《成功》杂志采访了著名演员安东尼·霍普金斯。我很惊讶地发现，他的非凡天赋和决心都源于愤怒。霍普金斯承认自己是一名糟糕的学生，患有阅读障碍和注意力障碍，也就是后来所说的缺陷多动障碍，但那时人们还不知道有这种疾病。他被打上了“问题儿童”的标签。

“我是我父母担心的源头。”霍普金斯透露道，“我明显不会有什么未来，因为上学和教育很重要，但我似乎学不会它们教给我的东西。我的表兄弟都很聪明，我觉得很愤恨，感觉遭到了全社会的拒绝，非常郁闷。”

霍普金斯最终驯服了他的愤怒。起初，由于这种愤怒，他努力在学术或体育之外取得成功。后来，他发现自己在表演方面有一丝天赋。所以，他用愤怒对抗自己身上低人一等的标签，用愤怒推动他对表演艺术的坚持。今天，霍普金斯被认为是世上最伟大的演员之一。由于他获得了名誉和财富，霍普金斯帮助无数人戒断药物滥用，恢复了健康，他还支持意义重大的环保工作。虽然一开始，他的斗争并不是为了什么崇高的事业，但显然他的斗争十分有价值。

我们都可以做出有力的选择。我们都可以通过不把结果归咎在机会、命运或任何其他人身上来收回控制权。我们有能力推动一切发生改变。与其让过去受伤的经历削弱我们的能量，破坏我们的成功，不如利用它们推动开展有建设性的积极变革。

目标

正如我之前提到的，复合效果总是会起作用，它总是会带你到达某个地方。问题是，哪个地方？你可以利用这种坚持不懈的力量，让它把你带到新的高度。但你必须知道你想去哪里，你想要的目标、梦想和目的地是什么？

我在另一位导师保罗·J. 梅耶的葬礼上，不禁回想起他的生活多么的丰富多彩。他的成就、经历和贡献比十几个人加起来还多。他的讣告让我重新评估了自己设定的目标。如果保罗在这里，他会告诉我们："如果你没有取得你想要而且能够实现的进步，一定是因为你的目标不够明确。"保罗有句令人十分难忘的名言，提醒我们关于目标的重要性："你想象中的生动画面，你热切渴望的东西，你真诚相信的东西，你充满激情为之采取行动的东西……必然会成为现实！"

我的生命之所以丰富多彩，最重要的一个原因是我学会了如何有效地设定和实现目标。当你把创造力凝聚在一起，集中精力用于实现明确的目标时，会有奇迹般的事情发生。我一次又一次地看到世界上取得最高成就的人之所以能够成功，是因为他们描绘出了自己的愿景。如果一个人的“为什么”力量清晰、强大、炽热，他们一定能打败“怎么做”学派的顶尖大师。

要明确你需要添加或调整的目标，请使用P189的“生活评估表”。

目标设定如何起作用：揭开“秘密”的神秘面纱

如果你不知道该寻找什么，你肯定无法得到。我们天生是追求目标的物种。我们的大脑总是试图将外部世界和我们在内心世界中看到的、期待的东西联系起来。所以，当你指导你的大脑寻找你想要的东西时，你就能看到它们。事实上，你渴望得到的对象可能一直存在于你周围，但你没有放开心智睁开眼睛去看到它。

实际上，这就是吸引力法则真正起作用的方式。听上去像神秘深奥的巫术，其实并非如此。它要简单得多，实用得多。

我们每天都被数十亿条感官（视觉、听觉、身体）信息轰炸。为了防止自己发疯，我们自动忽略了其中99.9%的信息，真正看到、听到或感受到的只有我们的思维关注的信息。这就是为什么当你思考某些东西时，似乎有魔法把这些东西吸引到你的生活中。实际上，你现在看到的都是已经存在的东西。你确实是在吸引它进入你的生活。在你的思维关注它，你的大脑看到它之前，于你而言，这些东西是不存在的，是你无法访问的。

其实一点儿也不神秘，还非常合乎逻辑。现在，有了这种新认知，你脑海里在想什么，你的大脑就会关注什么，你就能突然看到这些原本就存在于余下这 99.9%的空间里的东西。

这是一个耳熟能详的例子：你要买或刚买了新车时，会突然发现这个车型随处可见，对吧？就好像这些车昨天还不存在，今天突然有一大批这种车型上了街。但事实是这样吗？当然不是。它们一直都在那里，但你没有注意到。因此，在你关注它们之前，对你而言，它们并非真正存在。

你在设定目标时，会给大脑设立一些寻找和关注的新对象。就好像你给大脑增加了一双新的眼睛，通过这双眼睛，你可以看到周围所有的人、环境、对话、资源、想法和创造力。有了这个新视角（内在的旅程），你的思维会从外界进行寻找，以匹配你内心最想要的东西——你的目标。确立了目标之后，你对世界的体验和以前相差甚远，你如何把想法、人和机会吸引到自己生活中的方式，也和以前相差甚远。

在我对布莱恩·特雷西的一次采访中，他这样说：“顶尖人物有非常明确的目标。他们知道自己是谁，他们知道自己想要什么。他们写下来，制订计划、完成计划。不成功的人脑子里的目标就像罐子里的弹珠一样晃来晃去。没有写下来的目标不过就是个幻想。每个人都有幻想，但那些幻想就像没有火药在里面的子弹一样。如果没有把目标写下来，这样的生活就像对着空气射击——把目标写下来是起点。

我建议你今天花些时间列出你最重要的目标。思考一下生活各个方面的目标，而不仅仅是商业或财务方面的。要当心，过分关注生活中的某一个方面而忽视其他方面会付出高昂代价。努力在生活中取得全方位的成功——在生活中每一个重要的方面都实现平衡：商业、财务、健康、幸福、精神、家庭关系、生活方式等。

你必须成为谁

大多数人为了实现新目标，在开始行动时，他们会问：“我有了目标，现在我需要做什么来实现目标？”这不是一个不好的问题，但这不是第一个需要解决的问题。我们应该问自己的问题是："我需要成为谁？"你可能认识一些人，他们似乎做了所有该做的事，却仍然没有产生他们想要的结果，对吧？为什么没有呢？吉姆·罗恩教会我的一件事是："如果你想拥有更多，你就必须变成更多。成功不是你追求来的东西。你追寻的东西会避开你，可能就像追蝴蝶一样。成功是你成为对的人之后吸引来的东西。"

等我明白了这个道理后，它就彻底改变了我的生活和个人成长。当我准备寻找伴侣时，我列出了我想要的完美女人的一长串特征。我在日记上写满了 40 多页（双面），非常详尽地进行了描述——她的个性、性格、重要特点、态度和生活哲学，甚至包括她来自哪种家庭，她的文化和妆容，甚至详细到她头发的质地。我还深入描写了我们的生活会是什么样的，我们会一起做些什么。如果我那时问："我该怎样做才能找到这个女孩，和她在一起？"我可能还在做那个追蝴蝶的游戏。相反，我回顾了这个清单，思考我自己是否具有了相同的特点。我期待她拥有的品质，我有吗？我问自己：这样的女人想要一个什么样的男人？为了吸引一个这样的女人，我需要成为一个什么样的男人？

我又写了 40 页，描述了我自己需要拥有的属性、品质、行为、态度和特征。然后我开始努力拥有这些品质，成为这样的人。你猜怎么着？竟然奏效了。她就像是从我的日记上走出来一样——我的妻子乔治娅，恰如我描写的那样，正是我想寻求的人。一模一样的细节简直可怕。关键是我要清楚地知道我应该成为谁，才能吸引拥有这样品质的女人，再努力成为这样的人。

❗习惯对于实现你的目标至关重要，要明确你的不良习惯和需要的新习惯，请使用 P191 的“习惯评估表”。

好好表现

你已经下决心要实现目标，现在让我们来描绘出这个过程。这是做的过程，或者在某些情况下，是不要做的过程。

站在你和目标之间的是你的行为。你是否需要停止做某些事，避免复合效应把你带入下降式螺旋？同样，你需要做些什么来改变你的轨迹，让它朝着最有利的方向前进？换句话说，你需要从生活中减少和增加哪些习惯和行为？

生活可以归结为这个公式：

你→选择 + 行为 + 习惯 + 复合 = 目标

↑ ↑ ↑ ↑

（决定）（行动）（重复行动）（时间）

这就是为什么必须弄清楚，哪些行为阻碍了你实现目标，哪些行为将帮助你实现目标。

你可能认为你能控制所有的坏习惯，但我敢下重注打赌你是错的。再次强调，这就是记录的方法如此有效的原因。我的意思是，你知道你每天花了多少小时看电视吗？你每天喝多少碳酸饮料吗？或者你在电脑上花了多少时间做不必要的工作（在线看八卦等）？正如我在上一章中强调的，你要做的第一件事就是要了解自己的行为方式。你要知道你在哪里梦游了，无意识中养成了让你误入歧途的坏习惯。

不久前，一位和我一起在非营利组织董事会任职的高管聘请我指导他提高生产力。他很成功，做得不错，但他知道可以通过一些指导来优化时间管理，进一步提高输出。我让他记录他一周的活动，我注意到他花了大量时间看新闻——早起 45 分钟读报，早上通勤路上再花 30 分钟听新闻，下班回家的路上还要花同样的时间听新闻。上班时，他会浏览几次雅虎新闻，总共花至少 20 分钟时间。回到家时，他会在和家人闲聊时赶上看最后 15 分钟的当地新闻播报。然后，他会在睡觉前收看 30 分钟的体育新闻和 30 分钟的 10 点新闻。总的来说，他每天花 3 个半小时看新闻。他不是经济学家或商品交易员，新闻也不会对他的工作造成生死攸关的影响。他花在报纸、广播、电视上看新闻的时间大大超过了他为了提升个人兴趣所需要的时间。事实上，他选择这么做得到的信息很少——或者更确切地说，他因为不做选择而造成了这种结果。那他为什么每天花将近 4 个小时看新闻呢？因为这成为了一种习惯。

我建议他关掉电视和收音机，取消报纸订阅，设置一个 RSS① 订阅，这样他就可以选择接收他感兴趣或对他的生意很重要的新闻了，同时也为他立即清除了 95% 的噪声，而这些噪音只会让人思维混乱，浪费时间。他现在利用不到 20 分钟的时间就可以看完一天中所有的重要新闻。这样他早上 45 分钟的通勤时间以及晚上的一个小时就可以用来开展更具生产力的活动了。比如：锻炼、听教育励志类内容、阅读、做计划以及和家人一起共度美好时光。他告诉我，最近这段时间是他觉得压力最小的时

① RSS：Really Simple Syndication 的简称，是一种信息来源格式规范。

间。之前关注不断发生的负面新闻会让他有焦虑的倾向，现在的他比以往更清醒，更专注。简单地对习惯做出一点微小的调整，就能在生活平衡和提升生产力方面产生巨大飞跃。

好的，现在轮到你了。拿出你的小笔记本，写出你排在前三位的目标，再列出可能阻挠你在这些方面取得进展的坏习惯。

习惯和行为从不说谎。如果你说的和你做的之间存在差异，我会相信你每次的做法。如果你告诉我你想要健康，但你手指上沾着膨化零食的残渣，我相信膨化食品。如果你把自我提升作为首要任务，但你花在 Xbox[①] 上的时间比在图书馆里的时间多，我相信 Xbox。如果你说你是一名敬业的专业人士，但你经常迟到，而且不做准备，那么你的行为每次都会让你丢脸。你说你把家人放在第一位，但如果你繁忙的日程里没有他们的身影，那么他们并不是第一位，真的。看看你刚才列出的坏习惯清单。这些坏习惯就是真正的你。现在你可以决定是否继续这样，或者做出改变。

现在，在清单上加上你需要养成的新习惯，这些习惯随着你持之以恒的练习，利用时间赋予你的复合效应，可以带领你光荣地实现目标。

---

① Xbox：美国微软公司开发的家用游戏机系列。

列出这份清单并不是为了进行自我审判或者后悔遗憾，这样做只会浪费精力。这份清单是为了让你清楚地看到你想要改进的东西。不过，我不会让你停在这一步。让我们根除那些作恶多端的坏习惯，在他们原来的树坑里种上积极健康的新习惯。

游戏规则改编者：消除坏习惯的五种策略

你的习惯是后天获得的，因此是可以改掉的。如果你想朝着一个新方向航行，首先必须要找到那些让你失望的坏习惯，解开固定这些习惯的锚。关键是要让你的“为什么”力量足够强大，让它压倒你想要得到即时满足的冲动。为此，你需要一个新的游戏计划。以下是我最喜欢的改变游戏规则的策略。

1. 识别触发坏习惯的原因

看看你的坏习惯清单。针对你写下来的每一个坏习惯，找出触发它的原因。弄清楚四个问题：每次不良行为背后的谁、什么、何地，以及何时。例如：

• 你是不是和某些人在一起时更容易过度饮酒？

• 一天中是不是有某一段时间你不得不吃点甜食？

• 什么样的情绪往往会引出你最糟糕的习惯——压力疲劳、愤怒、紧张、无聊？

• 你什么时候会经历这些情绪？你是谁，你在哪里，你在做什么？

• 哪种场景会让你的不良习惯浮出水面——在自己车里，在业绩评估前，还是走亲访友时，在开会，社交场合，还是截止日期来临时？

• 仔细回顾一下你的日常。你醒来时通常会说什么？喝咖啡或午休时呢？过完漫长的一天回家后呢？

再次拿出你的笔记本或使用坏习惯杀手工作表，记下触发坏习惯的原因。这样一个简单的动作其实能极大地提升你的意识。但是，当然，这还没完，因为正如我们所讨论的那样，提升你对坏习惯的认识并不足以打破坏习惯。

2. 打扫房间

去擦擦洗洗。这话既是字面意义，也是比喻意义。如果你想喝酒，把家里和度假别墅（如果你有的话）里的酒扔得一滴都不剩。处理掉酒杯或其他任何你喝酒时用的花哨工具或小玩意儿，以及那些装饰用的橄榄。如果你想戒掉咖啡，那就把咖啡机收好，把那袋精品研磨咖啡粉送给一个爱打瞌睡的邻居。如果你想控制开销，花一个晚上取消像雪花般投递到你邮箱或收件箱中的零售目录或优惠信息，这样你就不用调动自制力把这些东西从门厅扔进垃圾回收站了。如果你想吃得更健康，把橱柜里的那些都处理掉吧，停止购买垃圾食品，而且也不要听信这种说法：因为你自己不想吃垃圾食品，就剥夺你家人吃垃圾食品的权利，这是不公平的。相信我，没有垃圾食品，家里每一个人都会变得更好。不要把它们带回家，清扫掉一切可以诱发坏习惯的东西。

3. 找出替代品

再看一下你的坏习惯清单，你要怎么改变它们，让它们不那么有害？你能用更健康的习惯取代它们吗？或者完全放弃它们？要确保取得永久的效果。

所有了解我的人都知道我在饭后喜欢吃点甜的。如果房子里有冰激凌，那么这点甜的就意味着三勺香蕉冰激凌，配上所有的配料（1255卡路里）。相反，我用两个好时之吻巧克力（50卡路里）取代了这个坏习惯。我仍然能够满足自己对甜食的热爱，还不用为了抵消多摄入的卡路里在跑步机上多花时间。

我嫂子习惯在看电视时吃点松脆的咸味垃圾食品。她能在几乎无意识的情况下嘎吱嘎吱地吃掉一整袋玉米片。后来她意识到她真正喜欢的是嘴里爽脆的感觉，于是她决定用脆胡萝卜、芹菜棒以及生西兰花取代坏习惯。她得到了同样的愉悦感，同时还达到了美国食品和药物管理局推荐的每日蔬菜摄入量。

我曾经有个员工，他有个坏习惯是每天喝8瓶到10瓶健怡可乐（这是一个很不好的习惯）。我建议他用低钠的苏打水加入新鲜的柠檬、酸橙或橙子来代替可乐。这样持续了大约一个月后，他意识到自己其实根本不需要苏打水，于是转而用纯净水作为替代。

考虑一下，看看你有哪些行为可以被替代、删除或进行置换。

4. 逐步适应

我家附近就是太平洋。我每次下水时，都会先把脚伸进去适应一下，然后走到齐膝处，再让水没过腰部和胸部，才完全入水。有些人就会直接潜入水中，克服不适感。这样很好，但我不是这样的人。我喜欢慢慢适应（这可能是儿时创伤留下的，我将在下一个策略中讲到）。对于一些存在已久根深蒂固的习惯，慢慢适应直到彻底戒除，这样可能更有效。你可能已经花了几十年时间重复、巩固和强化这些习惯，所以给自己一些时间，一步一步地改掉这些习惯，才是明智之选。

几年前，我妻子的医生要求她那几个月的饮食要剔除任何咖啡因。我们都喜欢喝咖啡，所以如果她不得不忍受这种痛苦，我认为我们一起才更公平。先是50/50——这一周50%的时间喝脱因咖啡，50%的时间喝常规咖啡。第二周全部都喝脱因咖啡。下一周喝脱因伯爵茶，再一周是脱因绿茶。我们花了一个月才做到完全脱因，但我们没有因为戒断咖啡受一点儿罪——没有头痛、没有困倦、没有脑雾，没有任何不良反应。然而，如果我们一下子完全戒断，仅仅是想一下就让我发抖。

5. 直接跳进去

每个人兴奋的方式都不一样。研究人员发现，如果人们能够一次性改变许多坏习惯，他们更容易改变生活方式。例如，心脏病研究先驱迪恩·奥尼什博士发现，如果人们能彻底改变自己的生活方式，不用药物和手术，就可以逆转晚期心脏病。他发现，一次性改变全部坏习惯会更容易。他让患者参加了一个训练课程，用极低脂饮食替代了富含脂肪和胆固醇的食物。课程还包括锻炼——让患者从沙发上站起来去散步或慢跑，以及减压技巧和其他有利于心脏健康的习惯。令人惊讶的是，在不到一个月的时间里，这些患者改掉了一生的坏习惯——结果是，他们在一年后仍然能够感受到这些习惯给健康带来的巨大好处。就个人而言，我觉得这是例外情况，而不是常态规律，但你要找出最适合你的策略。

小时候，我们家曾经去过一个叫作罗林斯湖的地方露营，这个地方鲜为人知。这个湖离加利福尼亚州北部的谢尔拉斯不远，湖水来自太浩湖山顶融化的冰川，很冰冷。我们每天都住在那里，因为父亲坚持要求我在这个冷得刺骨的湖里滑水。我一整天都会暗自担心听到父亲叫我去滑水。我喜欢滑水，我只是讨厌下水。有点矛盾，因为这二者显然是没办法分开的。

在父亲的监督下，我一次都没能逃掉，有时我几乎就是被扔进水里的，有十几秒感觉几乎要被冻死了，但很快我就会感觉到湖水清爽，让人充满活力。真正可怕的是我对入水那一刻的预期，而不是实际体验。一旦我的身体适应了，滑水对我而言就是纵情狂欢。然而，我每次都会经历这种先恐惧再缓过来的循环。

这种经历与突然戒除或突然改变坏习惯没什么不同。在短暂的时间内，你会觉得难以忍受，或者至少非常不舒服。但正如身体会通过一个我们称为动态平衡的过程来适应不断变化的环境一样，我们能通过类似的自我平衡适应新的行为变化。一般情况下，我们很快就可以通过自我调节，在生理和心理上适应新的环境。

有时直接入水没什么效果，有时你确实不得不一下子跳进去。我希望你现在问问自己：我可以从哪里慢慢开始让自己负起责任？我还需要在哪里迈一大步？有哪些地方是我一直在避免疼痛或不适，但如果一下就跳进去了我也能立刻适应？

我以前的一个合伙人有一个兄弟整天混迹酒吧，是一个以聚会为生的酒鬼。他午餐、晚餐、夜间以及整个周末都在喝酒。有一天，他参加大学室友的婚礼时，看到了朋友的哥哥，这个哥哥比他们两个人都大10岁，却看起来年轻10岁。他看着这个男人在婚礼上跳舞、大笑、玩乐，散发出他已经很多年都没有感受到的活力，当场就决定再也不喝酒了。至今他已经戒酒6年多了。

在家里改变坏习惯时，我会采取逐渐适应的方式。但在我的职业生涯上，大刀阔斧会更有效。无论是开展新业务还是与潜在的新客户、合作伙伴或投资人打交道，慢慢来通常都没办法改掉坏习惯。每一次，我都会想起罗林斯湖，我知道一开始会很痛苦，但我也很快就会感受到清爽振奋，那一刻的短暂不适非常值得忍一忍。

坏习惯测试

我并不是说你要从生活里清除所有“坏”的东西。只要适度，大多数东西都是好的。但是，你怎么知道是不是已经被某个坏习惯控制了？我信任坏习惯测试的结果，每隔一段时间我就会进行一次“坏习惯斋戒”。我会选定一个坏习惯进行测试，确保和坏习惯的关系中，我仍然是老大。我的坏习惯包括咖啡、冰激凌、葡萄酒和电影。我已经告诉过你我对冰激凌的痴迷了。谈到葡萄酒，我必须要确定，我喝葡萄酒是为了享受，为了庆祝，而不是因为坏心情酗酒。

大约每三个月，我会选择一个坏习惯并进行 30 天的坏习惯斋戒（原因可能是我家里会过天主教四旬期）。我要向自己证明我仍然是老大。你也可以试试，选择一个坏习惯——一个你没有过分沉溺，但你知道也没什么好处的坏习惯，然后开启一个为期30天的旅程。如果你发现完成30天的斋戒很难，那可能你需要彻底把这种习惯从生活中清理出去了。

游戏规则制定者：培养好习惯的六种技巧

现在我们已经帮你改掉了把你带向错误方向的坏习惯，我们需要新的选择，新的行为，最终养成新习惯。消除坏习惯意味着从日常生活中删除一些东西，新习惯将带着你得到心里最想要的东西。培养一种新的、生产力更高的习惯需要的技能则完全不同。你是在种树，要浇水施肥，确保它正确扎根。这个过程需要精力、时间和实践。以下是我最喜欢的养成好习惯的技巧。

领导力专家约翰·C.麦克斯韦尔说过："除非你能改掉每天都在做的事情，否则你永远无法改变生活。成功的秘诀就在日常生活中。"根据研究，需要300天的正强化才能把新习惯变成无意识的实践——几乎是花一年的时间进行日常练习。幸运的是，正如我们之前讨论的那样，经过三周的勤奋与专注，更有可能把新习惯融入生活。也就是说，如果前三周每天都刻意关注一种新习惯，就更有可能把它变成终身实践。

事实上，你既可以在一秒钟内改掉一个习惯，也可能尝试了十年都无法成功。就像“热炉效应”一样，你可能只碰过一次热炉子，但你立刻就知道永远都不会养成这个习惯。热炉子带来的震撼和痛苦如此强烈，彻底改变了你的认知，你知道这辈子只要待在热炉子旁边就都得小心。

关键是要随时留心。如果真想养成一个好习惯，保证每天都要刻意地留心一下这个问题，成功的可能性会更高。

1. 为你的成功做好配套准备

任何新习惯都必须要符合你的生活和生活方式。如果你在30英里以外的健身房办了张卡，你肯定不会去。如果你是夜猫子，但健身房在下午6点就关门了，它也不适合你。你的健身房必须离你很近，很方便，并且符合你的日程安排。如果你想减肥，想吃得更健康，请确保你的冰箱和食品储藏室里有健康的食物可选。不想在中午饥肠辘辘时在自动售货机上买零食？就在办公桌抽屉里放些坚果和健康零食。饿的时候最想吃的是碳水化合物，我使用的策略是确保手头有蛋白质。我会在星期天做一堆鸡肉，打好包，为新的一周做好准备。

电子邮件成瘾是最容易让我分心、破坏性最强的坏习惯之一。说真的，这不是笑话。如果我不保持警惕，不一直提醒自己要有规划、要专注，那我每天会因为邮箱里的海量邮件花上几个小时。为了养成每天只检查三次邮件的新习惯，我关闭了所有通知和自动接收功能，而且，除了三个特定的查收邮件时间，我会关掉邮件程序。我必须在这个时间黑洞的周围建起围墙，以免我整天陷进去。

2. 只考虑加法，而不是减法

当我为《成功》杂志采访蒙泰尔·威廉姆斯时，他告诉我他因为患有多发性硬化症必须要严格控制饮食。蒙泰尔采用的方法叫作“加法原则”，我认为这对于每一个有目标的人来说，都非常有效。

“从你的饮食中去掉什么东西并没有那么重要。”他向我解释道，“重要的是里面有什么。”这已成为他对生活的类比。他不会去想自己不能吃什么，或者需要从饮食中去掉什么东西

（例如，“我不能吃汉堡包、巧克力或乳制品”），而是思考他可以吃哪些东西（例如，“今天我要吃沙拉、蒸蔬菜和新鲜的无花果”）。他的肚子里装的都是他能吃的东西，注意力也都放在这些东西上，所以他不再在意或渴望他不能吃的东西。蒙泰尔并没有把注意力放在需要放弃的东西上，他想的是他能“加进去”的东西。这样做效果要好得多。

我有一个朋友想改变自己浪费太多时间看电视的坏习惯。为了帮助他，我问他，如果有三个小时的空闲时间他想做什么。他说他会更愿意和孩子们一起玩。我还要求他选择一个一直想要探索的爱好，他的选择是摄影。他是一个彻头彻尾的科技迷，他出去买了所有的高科技编辑设备，兴高采烈地带着这些设备和家人一起出游，这样白天他就可以给孩子们拍摄精彩照片，晚上他还会花几个小时编辑并整理幻灯片和相册，供全家人欣赏，之后他们就一起欣赏照片，笑着回忆当时多有意思。因为他专注于孩子和摄影，晚上也就不再想坐下来看电视了。他意识到以前之所以沉迷于看电视，是因为这样能轻松地摆脱工作日的压力。而自从养成了和孩子一起玩游戏以及拓展摄影爱好的新习惯，取代了看电视的老习惯，他在生活中发现了新激情——更强大有力，回报也更丰厚。

你可以选择“加入”什么来丰富你的生活经历？

3. 公开展示问责制

想象一下宣誓就职的公职人员：“我庄严地宣誓……”然后是关于他将如何实现竞选承诺的演讲。一旦当众说出来，记录在案，他就明白，日后如果违背了承诺，他需要负责。如果事业取得了任何进展，他也将受到表扬。

想巩固你的新习惯吗？现在有这么多社交媒体平台，想找人看着实在再简单不过了。我听说有一位女士决定通过博客记录她每天花的每一分钱来管控自己的财务状况。这样她的家人、朋友和同事都可以追踪她的消费习惯，并且由于受到这么多双眼睛的审查，她对自己的财务花销更加负责，也更自律。

我曾经帮助过一个同事戒烟，用的方法就是告诉公司里的每一个人她决定戒烟。她刚刚抽完了最后一根烟，然后我在她的工位外面挂了一个巨大的挂历。如果哪天她没抽烟，就在日历上画一个大红色的 ×。同事们注意到后都为她加油，随着一连串大红色的 × 填满了整张挂历，挂历自己也有了生命。她也许不想放弃那张图表，放弃同事，或者放弃自己。但她真正做到了放弃抽烟。

告诉你的家人。告诉你的朋友。告诉脸书和推特。放出话去，告诉大家你的新变化，告诉大家你将切实负责。

4. 寻找成功伙伴

很少有什么力量能像两个人手挽着手朝着同一个目标前进一样强大。为了提高成功率，找一个成功伙伴——和你在巩固新习惯的路上相互监督的人。比如说，我有所谓的“卓越表现合作伙伴”，每个星期五上午 11 点整，我们会打一个 30 分钟的电话，分享我们的胜利和失败，告诉对方我们是如何改进的，征求对方的反馈意见，并监督对方切实为自己负起责任。找一个成功伙伴，一起去散步，跑步，相约去健身房，或者见面讨论分享最近看了哪些个人发展的书籍。

5. 竞争与友情

没有什么比一场友好的比赛更能激发你的竞争精神，让你沉浸在新习惯里。穆罕默德·奥兹博士曾在采访时告诉我：“人们每天如果能多走几千步，就能改变自己的生活。”因此，《成功》杂志的母公司 VideoPlus 使用鞋子计步器计算步数，在公司里开展了走路比赛。员工们组队参赛，看看哪个团队可以积累最多的步数。令我惊讶的是，之前从来不为自己的健康锻炼的人突然开始每天步行五六英里！午餐时，他们会在停车场走路。如果知道要开电话会议，他们会立刻出门一边走路一边在手机上开会。为了竞争，他们找到了各种方法增加步数。每个人的步数都记录了下来，整个办公室都可以看到谁在懈怠，谁在进步，人们的步数每天都在增加。

然而，我也很好奇地观察了比赛结束后的情况，比赛结束后仅仅一个月，步数完全呈现断崖式下跌——超过 60%。再次组织比赛时，步数又开始激增。仅仅需要一点竞争，就可以让人们的发动机保持高速运转，人们在比赛中还培养了团队意识、分享意识以及友谊。

你可以和朋友、同事或队友组织什么样的友好比赛？你怎么能把有趣的比赛和竞争精神注入你的新习惯？

6. 庆祝

只工作不玩耍，聪明孩子会变傻，这是一个实现退步的秘诀。应该找点时间来庆祝，享受一路上的胜利成果。如果你只是不断自我牺牲，却无法得到任何好处，那你肯定没办法坚持完成。每个月、每周、每天都得给自己一点奖励——哪怕只是一些很微小的奖励，奖励自己能够坚持新的行为模式。也许是找点时间散散步，在浴室里放松一下，或者读一些休闲趣味读物。如果取得了更大的里程碑式的进步，可以预约一个按摩，或在你最喜欢的餐厅里吃晚餐。向自己承诺，当抵达彩虹彼岸时，保证要给自己一个大奖。

改变很难：欢呼吧！

无论是失败者还是成功者，99%的人都有一个共同点——他们都讨厌做同样的事情。不同的是成功的人虽然讨厌，但仍然会做。改变很难，这就是为什么人们不改变他们的坏习惯，以及为什么这么多人最后还是不快乐、不健康的原因。

然而，这个事实也有让我兴奋的点，如果改变很容易，每个人都在改变，那么你和我想要脱颖而出、取得非凡成就就会难得多。当个普通人很容易，卓越能够让你不同于普通人。

就我个人而言，事情很难办时，我总是很开心。为什么？因为我知道大多数人没办法完成，这样我就更有机会站在人群前面。我很喜欢马丁·路德·金博士的这段话："最终衡量一个人的标准不是他在顺境中能到达的高度，而是他在面对挑战时能走多远。"如果你面对困难、乏味和艰苦时仍然勇往直前，就能得到提高并在竞争中取得进步。如果事情很难、很棘手或很乏味，那就让它困难棘手乏味，去做就对了，一直这么做下去，复合效应的魔法会给你带来丰厚回报。

要有耐心

要想打破旧的坏习惯，开始新习惯，请记住，要对自己保持耐心。你现在想改变的行为经过了 20 年、30 年、40 年甚至更长时间的重复，所以你要知道，需要花费足够的时间和精力才能看到持久的结果。科学表明，思想和行为模式一旦多次重复，会创造所谓的神经特征或脑沟，或者是一系列相互连接的神经元，它们是特定习惯思维模式的载体。注意力会对习惯产生影响，当我们关注某个习惯时，脑沟就被激活，释放与这种习惯相关的想法、欲望和行为。幸运的是，大脑是可塑的。如果我们不再关注某个坏习惯，那些沟槽就会弱化。在培养新习惯时，每一次重复都会加深新的沟槽，最终压倒以前的沟槽。

培养新习惯（并在脑中挖出新沟槽）需要时间。对自己要有耐心。如果你从马车上掉了下来，那就收拾干净，重新上路。每个人都会跌跌撞撞，再来一次，尝试另外一种策略，强化你的付出和坚持。如果能继续向前推进，你将获得巨大的回报。说到回报，下一章，我们将开始脱颖而出，因为乘法效应开始产生效果了。通过运用前三章的基础知识，通过所有的训练和努力，你将在下一章开始得到奖励。

让复合效应为你服务（三）

行动步骤总结

列出三个最好的习惯，这些习惯会帮助你实现最重要的目标。

列出三个坏习惯，这些习惯会让你偏离最重要的目标。

列出你需要培养的三个新习惯，它们能带你朝着最重要的目标前进。

明确你的核心价值，找出什么最能激励你，什么能一直激励你取得重大成果。

找到你的“为什么”力量。设计简洁、强大、激励人心的目标。

第四章

动　量

我想向你介绍我非常要好的一位朋友。这位朋友和比尔·盖茨、史蒂夫·乔布斯、理查德·布兰森、迈克尔·乔丹、兰斯·阿姆斯特朗、迈克尔·菲尔普斯以及其他所有超高成就者都走得很近，他将会给你的生活带来无与伦比的影响。我想把你介绍给Mo，我喜欢叫他“大Mo”。毫无疑问，大Mo是最强大、最神秘的成功力量之一。你看不到他，也摸不到他，但当他出现时，大Mo可以把你推进成功的平流层。一旦Mo出现在你身边，几乎没人能赶得上你。

这一章让我很兴奋。如果你实施了本书前面列出的那些想法，你得到的回报将是本书价格的1000倍（或更多）。

利用大 Mo 的力量

如果你还记得高中物理课，你会记得牛顿第一定律，也被称为惯性定律：静止的物体往往会保持静止，除非受到外力作用。运动中的物体倾向于保持运动，除非某些东西阻止它们的势头。换句话说，窝在沙发里看电视的沙发土豆往往倾向于保持沙发土豆的状态。进入了成功节奏的人会继续拼命努力工作，得到的也越来越多。

你还记得小时候玩的旋转木马吗？朋友们都坐了上去，把重量压了下来，他们为你加油，你努力想让这个东西转起来。第一步始终是最难的——让它从静止状态动起来。你不得不推了又推，拽了又拽，发出吭哧吭哧的声音。一步，两步，三步——似乎毫无进展。经过漫长而艰苦的努力，终于起来了一点速度，你能推着它跑了。虽然木马已经在移动了（朋友们的欢呼声也更响亮了），为了得到你想要的速度，你必须越跑越快，当你全力以赴时，需要从身后拉着它。最后终于成功了。你跳上去，和朋友们一起感受风吹到脸上的感觉，看着外面的世界模糊起来，变成了几抹颜色。过了一会儿，当旋转木马开始放慢速度时，你会跳下来，扯着它一起跑一分钟，让木马恢复速度——或者你也可以使劲儿推它几下，再跳上来。一旦旋转木马达到了一定的转速，动量就会起作用，很容易就能继续前进。

任何改变都是一样的。一开始只是一个小步骤，进展很缓慢，但一旦新养成的习惯开始起作用，大 Mo 就会出现。成绩和成果会迅速复合。

图 4-1

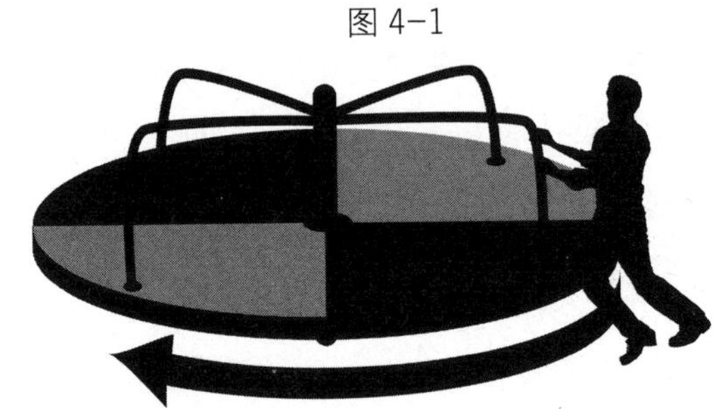

得到大 Mo 需要时间和精力，但有了它，成绩和结果能够迅速复利。

得到大 Mo 需要时间和精力，但有了它，成绩和结果能够迅速复合。

发射火箭飞船时也会经历同样的事情。航天飞机在飞行的最初几分钟内使用的燃料多于整个行程的其余部分总和，为什么？因为它必须摆脱重力的牵引，一旦摆脱了，就可以在轨道上滑行。最困难的是飞离地面，因为你的老做法和原来的环境条件就像旋转木马的惯性或重力的牵引一样，万事万物都只想保持原状，你需要花费大量精力来打破惯性，让你的新事业得以启动。但是一旦获得了动量，就很难停下来——即使投入的努力要少得多，得到的回报却丰厚得多。

你想知道为什么成功人士会更成功，富人会更富，快乐的人会更快乐，幸运的人会更幸运吗？

因为他们有大 Mo。每当下雨，必定倾盆。

动量在等式的两边都能作用——它可以对你有利，也可以起反作用。由于复合效应始终在起作用，如果不良习惯未加以控制，可能就会发展成势，让你陷入不幸的环境和后果。这就是第一章中我们的朋友布拉德所经历的。他因为一些小的坏习惯重了33 磅，并且由于这些习惯产生的负面动量经历了重大的工作和婚姻危机。惯性定律说，静止的物体往往会保持静止——这就是复合效应在对你起反作用。坐在沙发上看《好汉两个半》的时间越长，就越难站起来采取行动。那么让我们现在就开始行动吧。

（1）根据你的目标和核心价值做出新的选择；

（2）采取积极行为，将这些选择付诸实践；

（3）长期重复这些健康的行动，培养新的习惯；

（4）在每日训练中形成惯例，形成节奏；

（5）坚持足够长的时间。

不断提升，达到形成动量需要的值。通过实践我们之前讲过的内容，你就会进入这个状态，进入这个区域。大 Mo 就会拜访你，之后你将几乎势不可挡。

想想游泳运动员迈克尔·菲尔普斯，他在 2008 年北京奥运会上传奇般夺得了 8 枚金牌。他是怎么做到的呢？菲尔普斯与他的教练鲍勃·鲍曼合作，花了 12 年用来磨炼才华，他们之间形成了惯例和节奏，几十年如一日的表现使菲尔普斯能够在恰当的时间——奥运会上抓住动量。菲尔普斯和鲍曼的共生关系具有传奇色彩，因为他们的能力和雄心，也因为他们的成功完全是可以提前预见的。在练习中，菲尔普斯最生动的记忆之一是鲍曼有一次允许他提前 15 分钟结束训练，为了他能参加中学舞会做准备，这是 12 年来的唯一一次。鲍曼对于坚持的要求就是这么高，难怪菲尔普斯在游泳池中如此无敌！

你很可能有 iPod。有没有想过这个小发明进入到你的口袋之前经历了什么样的演变？在推出 iPod 之前，苹果公司已经成立很长一段时间了。虽然苹果 Mac 电脑用户的忠诚度很高，但它们仍然只占整个电脑市场的一小部分。iPod 当然不是第一款 MP3 播放器，苹果进入市场时其实已经迟了。但苹果自有其强大的功能特点：他们坚持努力维护客户的忠诚度，坚定致力于打造高品质、设计创新、用户友好型设备。他们把 MP3 播放器做得简单、酷炫、易用好玩，并通过有趣味、有创意的广告活动进行推广。最终他们成功了，正中市场要害。

但是，iPod 并非一夜成名。2001 年，苹果公司发布了 iPod，但公司的收入增长从上一年的 30%减少到了 -33%。2002 年，收入增长也是负数，-2%。2003 年转变为正增长，18%。2004 年继续上升，达到 33%。2005 年，他们抓住了大 Mo，并且形成轰动，苹果公司的收入增长率达到 68%，占据了 MP3 播放器市场份额的 70%以上。如你所知，大 Mo 之后又帮助他们主导了智能手机市场（利用 iPhone），利用 iTunes 占据了数字音乐发行市场。得益于这种势头，苹果在原来的个人电脑市场上也重新崛起。有大 Mo 在手，如果他们继续扩展到其他市场，我也不会感到惊讶。

谷歌在一段时间内是一个苦苦经营的小型搜索引擎，但今天它拥有超过 60%的市场份额。视频共享平台 YouTube 创建于 2005 年 2 月，当年 11 月正式面世。但直到他们推出了《懒人星期日》数字短片（该节目最初于《周六夜现场》播出），人们才为了看这个片子而大量访问 YouTube。这段 YouTube 视频片段在网上疯狂传播——在 NBC 要求其删除之前，已经有超过 500 万人次看过。之后，就没有办法追上他们了——他们有大 Mo。今天，YouTube 拥有 60%以上的视频市场。谷歌找到了 YouTube 的两位年轻创始人，并付了 16.5 亿美元购买他们的大 Mo。

迈克尔·菲尔普斯、苹果、谷歌和YouTube有什么共同之处？他们在取得动量之前和之后都在做同样的事情。对于他们每一家公司而言，习惯、训练、例行程序和坚持一致是解锁动量的关键。当大 Mo 出现在他们身边时，他们就变得势不可挡。

例行程序的力量

有一些最棒的目标我们却没能实现，原因是缺乏执行体系。归根到底，你必须将新态度和新行为纳入你每月、每周和每日的例行程序，才能发挥影响，产生积极变化。例行程序是你每天都要做的事情，就像刷牙或系安全带一样，你最终要把新动作变成无意识的动作。类似我们在讨论习惯时所说的那样，如果回看一下你曾经取得过的成功，你会发现可能已经为它开发了一个例行程序，这些例行程序可以激发无意识的动作，缓解生活压力。为了实现新目标，养成新习惯，有必要创建新的例程来支持你的目标。

挑战越大，我们的日常训练就要越严格。有没有想过为什么军事训练营如此艰难——在那里，像铺床、刷鞋或者立正这些小任务变成了重中之重？让士兵建立起例行程序，为战斗做准备，是在巨大压力下获得高效、高产和可靠表现的最有效方式。在基础训练期间培养的例行程序看似简单，但足够精确。哪怕是软弱、害怕、邋遢的青少年在短短 8 周 ~12 周内也能变成精干、自信、有使命感的士兵。他们的日常程序如此精准，这些年轻的士兵在混乱的战斗中才能够凭着本能精确地开展行动，也才能确保他们面临死亡的威胁时还能够履行职责。

你的生活可能没那么危险，但如果你的日程安排里没有合理的例行程序，你的生活最终可能会变得难以驾驭而且特别艰难。确立可预测的日常训练例行程序，可以让你在战场上获得胜利。

高尔夫球手杰克·尼克劳斯以击球前例行动作闻名。他对每次击球前要做的“舞蹈”都很虔诚，这是一系列例行步骤，能够让他从精神和身体上完全专注，做好击球准备。杰克会站在球后面，在球和目标之间挑出一两个中间点。当他走近高尔夫球时，做的第一件事是调整球杆面，让球杆面朝中间点目标。他会等到把球杆面摆好了，才把脚放到合适位置上。然后会调整站姿。

这时他会挥舞球杆，看向他的目标，然后再看回他的中间目标，再看回球杆，再重复这样看一遍。之后，也只有这时，他才会击球。

某一次重要赛事期间，一位心理学家从尼克劳斯将球杆抽出球袋那一刻起开始计时，等到他击球时结束计时，猜猜怎么着？他每次击球时，从第1杆到第18杆，这一系列动作之间的时间差据说永远不会超过1秒。这位心理学家在1996年格雷格·诺曼不幸失利的大师赛期间也测量了诺曼的时间。随着比赛的推进，诺曼的击球前例动作变得越来越快。他改变了例行程序，因此无法保持节奏和一致性，这样他永远都无法抓住动量。诺曼从改变例行程序的那一刻起，表现就变得无法预测，结果变得不再稳定。

足球运动员同样重视他们的预踢球程序，这使他们能够在成千上万次做同样的动作时保持同步。可以预见的是，如果没有预先例行程序，在时间压力下他们的表现会大打折扣。飞行员会按照他们飞行前的检查清单进行例行检查，即使这位飞行员已经完成了数千小时的飞行，而且飞机刚刚在上一个目的地进行了完美的性能检查，每次都还是会进行飞行前例行检查，无一例外。这不仅是让飞机做好准备，更重要的是，能够让飞行员集中精力，为即将到来的驾驶做好准备。

在我合作过的所有高成就者和企业家中，我发现，除了良好的习惯，他们每个人都制定了完成必要日常动作的例行程序。对于我们每一个人而言，这是规范行为的唯一方式。没有其他任何办法。拥有以好习惯和积极行为为基础的日常例行程序，让我们中最成功的人脱颖而出。

要创立有益有效的日常例行程序，首先你必须确定要实施哪些行为习惯。花一点时间回顾一下第三章中的目标以及你要加进来或剔除的行为。现在轮到你当杰克·尼克劳斯了，你要找出最好的击球前例行动作。刻意了解一下需要加入哪些内容，比如说，一旦你确定了一个早晨的例行程序，我希望你能把它彻底固定下来，除非有新情况出现。起床，完成你的例行程序——没有讨价还价。如果某人或某事打断了你，请从头开始，这样才能筑牢基础，为之后的表现做好准备。

用书挡固定每一天

在你努力成为世界一流的过程中，关键是围绕世界一流的例行程序构建你的表现。想要预测或控制在工作日白天会发生什么事很困难，甚至是不可能的。但几乎可以肯定的是，你可以控制你的一天怎么开始，怎么结束。这两者我都有自己的例行程序。我会在这里分享每一个方面的内容，为你提供一些想法，帮你更好地理解把新行为融入例行程序中的作用和重要性。我会按照脑海里的目标，相应设计我的行为和例行程序。也许当我在分享对我有用的东西时，你会找出你想尝试的策略……

高高兴兴起床来

我早上的例行程序就是我本人的杰克·尼克劳斯击球前例行动作，它让我为一天做好准备。因为每天早上都是如此，我不必费神去想。我的 iPhone 闹钟在凌晨 5 点响起（忏悔一下：有时是 5：30），然后我会按下“贪睡按钮”。因为我知道我还可以再睡 8 分钟，为什么是 8？我不知道，问问史蒂夫·乔布斯，程序是他编的。在那 8 分钟里，我做了三件事：首先，想一想所有我感恩的事情。我知道我需要调整自己的心态，让自己有富足感，当你对已经拥有的事情心怀感激，用感恩的心情和基调开始新的一天时，世界的模样、行为和回应都会大不相同。然后，我会做一些听起来有点奇怪的事情，我会把爱传递给某个人。获得爱的方式就是付出爱，我想要更多的爱，我会想一个人，任何人都行（可能是朋友、亲戚、同事，或者我刚刚在超市遇到的人，是谁不重要）。然后想一想我希望他们能得到什么，通过这种方式向他们传递爱。有些人会称之为祝福或祈祷，我称之为精神情书。第三，我会想想我的第一目标，想一想为了离目标更近，我决定在这一天要做的三件事情。例如，在撰写本书时，我的首要目标是加深婚姻中的爱与亲密关系。每天早上，我都会计划做三件事，保证我的妻子感到被爱、被尊重，感到自己很美。

起床后，我会煮一壶咖啡，在煮咖啡的过程中，我会做十分钟拉伸——这是我从奥兹博士那里学到的东西。如果你像我一样长期举铁，你也会变得僵硬。我认识到，只有把拉伸加入例行程序，才可能在日常生活中做更多拉伸。我需要在日程中找到合适的时间加入拉伸这个部分，煮咖啡期间是个好选择。

等我拉伸完，倒上咖啡，我就坐在舒适的皮躺椅上，用iPhone定个30分钟的闹钟，读一些积极有指导意义的东西。当闹钟响起时，我会拿出最重要的项目，集中精力，完全不受打扰地工作整整一个小时（注意我还没有打开电子邮件）。然后，每天早上7点，我就会进行所谓的日程校准，这项工作在我的日程中日复一日地出现——我会花 15 分钟来校准我的日程。我会梳理排在前三名的年度目标和五年目标、季度重要目标，以及本周和本月的最高目标。校准日程中最重要的部分就是回顾（或设定）我当天的前三项 MVP（最有价值的优先事项），问自己，“如果今天我只做三件事，做哪三件产生的结果能让我离大目标更近一步？”只有这时，我才打开电子邮件，布置一系列任务和工作委托，让我团队里的其他成员也可以开始新的一天。然后我会迅速关掉电子邮件，转到我的 MVP 工作上来。

一天中剩下的时间可以有一百万种不同的形状，但只要我完成了早晨的例行程序，就能照顾到大多数关键的事项，而且相比起每天不规律地（或者用一系列坏习惯）开启新的一天，这样做准备更充分，更能够表现出高水平。

甜蜜的梦

晚上，我喜欢“交出现金”，这是我年轻时在餐厅打工学到的东西。我们回家前，需要交出现金，这意味着我们会上交所有收据、信用卡单和现金。要把一切都交出去，否则会有大麻烦。

兑现当天的表现非常重要。与你当天的计划相比，表现得怎么样？有什么计划需要延续到明天？根据当天出现的情况，还需要加上些什么？什么不再重要，要被删掉？另外，我喜欢在日记中记录这一天中收集的新想法、新感悟或者见解——我就是这么收集了超过 40 本好点子、好见解和策略。最后，我喜欢在睡前读至少 10 页励志书。我知道大脑在入睡后会继续处理睡前吸收的最后一点信息，因此我希望在睡前将注意力集中在那些有建设性的、有助于我实现目标和抱负的内容。就是这样了。一天中什么都可能垮掉，但只要我控制着书挡的两端，就能确保每一天都有一个有力的开始和结束。

例程重组

我经常喜欢打破日常例程，否则，生活会变得没有新意，过于稳定。举个简单的例子，健身时，如果我在同样的时间用同样的方式锻炼，一周又一周，重复做同样的动作，我的身体就不再会显示复合效应的结果。我会感到无聊，失去了激情，大 Mo

也不会出现。这就是为什么要把不同的方式混在一起，让自己面对新的挑战。

眼下我正在努力让生活中增添更多的冒险。每周、每月和每年都会设定目标做一些通常不会做的事情。大多数时候，这并不是什么惊天动地的事，不过是吃不同种类的食物，去上课，去没去过的地方，或者加入新的俱乐部结识新朋友。这种节奏的变化让我感到充满活力，有助于帮我重获激情，还为我提供了获得新视角的机会。

看看你的日常生活。如果曾经给你带来活力的东西已经变成了一成不变的老样子，或者不再产生强大的效果，那就把它换掉吧。

找到节奏：找到新的沟槽

一旦你的日常行为成为例行程序，你会希望这些步骤不断延续，形成一种节奏。如果你每周、每月、每季度、每年都按照例行节奏做固定的训练和动作，就像在门口铺了一张迎宾垫欢迎大 Mo。

蒸汽机车的轮子如果在静止状态下，保持轮子不向前移动几乎什么都不用做——在前轮下方铺块一英寸的木头就能实现。但需要大量的蒸汽才能让活塞动起来，推动产生一系列的连接，使车轮向前挪动。这个过程很缓慢。但是一旦火车开始前进，车轮就会找到节奏。如果保持压力一致，火车就会获得动量。注意观察，以每小时 55 英里的速度，这列火车可以穿过一堵 5 英尺厚的混凝土墙并继续向前行驶。把你的成功视为不可阻挡的火车，或许可以帮助保持热情，找到自己的节奏。

图 4-2

当你的训练和行为发展出节奏时，就可以静待大 Mo 上门了。

我会按照日常节奏提前进行规划。例如，在重新审视我想要深化婚姻中的爱和亲密关系这一目标时，我设计了每周、每月和每季度的计划表。我知道，这听起来不太浪漫。但也许你已经注意到了，即使某些事情对你来说优先级更高，但如果没有把它安排进你的日程里，很可能不会实现，对吧？没错，如果没有规律，你就发展不出任何节奏。

举个例子。每周五晚都是我们的约会之夜，我会和乔治娅一起出门或者做一些特别的事。周五下午 6 点，我们的 iPhone 闹钟会准时响起，无论我们在做什么，约会之夜从这一刻就开始了。每个星期六都是家庭日——这意味着没有工作。基本上，从星期五晚上的日落时分到周日早晨太阳升起时，我们会把这段时间献给婚姻和家庭。如果你不划定这些界限，很有可能就在明日复明日中蹉跎了。不幸的是，被别的事挤到一边的人往往最重要。

每个星期天晚上，也是从下午 6 点开始，我们会回顾两人的关系。这是我为《成功》杂志 2009 年 10 月的音频系列采访关系专家琳达和理查德·艾尔时，从他们那里学到的办法。在这个环节中，我们会讨论上一周的成功点与失败点以及我们需要在婚姻关系中做出的调整。谈话一开始，我们会先告诉对方上周我们对彼此心怀感激的事情——从好事开始总是有好处。然后，根据我在采访杰克·坎菲尔德时学到的一个办法，我们会询问对方："用1到10（10是最好的）来评价我们这周的关系，你会打几分？"接下来，顺理成章地，我们会讨论上周的成败问题——这是个要命的问题。

之后我们会继续讨论需要做出哪些调整，我们会问彼此这个问题："如何让你的感受成为10分？"在讨论结束时，我们俩都感到得到了倾听和认可，也充分表达了对下个星期的意见和愿望。这个过程非常棒，我强烈推荐。只要你有勇气的话。

我和乔治娅每个月都会安排一些独特而难忘的活动。吉姆·罗恩告诉我，生活只是一系列的体验，我们的目标应该是提升良好体验的频率和强度。我们每个月都会试着开展一些能够创造难忘体验的活动。可能是开车上山，去徒步冒险，开车去洛杉矶试吃一家新开的高级餐厅或者是去航海，等等。总之是与众不同的活动，可以提升我们的体验，从而创造不可磨灭的记忆。

我们每个季度都会规划两三天的度假。我喜欢在每个季度对所有的目标和生活模式进行审查，这个时间也很适合深入回顾我和乔治娅关系的方方面面是否进展良好。除了传统的假期、新年徒步旅行和设定目标的仪式之旅，我们还有特殊的旅行假期。你可以看到，一旦安排好所有这些，你就不必再考虑需要做什么了，一切自然而然就发生了。我们创造了节奏，节奏带来了动量。

记录你的节奏

我想和你分享一点我自己发明的东西，它能帮我记录新行为的节奏。我称之为“节奏登记表”，我想你也会觉得很有用，如表 4–1 所示。

表 4–1　每周节奏登记表 [示例]

习惯 / 行为	周一	周二	周三	周四	周五	周六	周日	达成	目标	净值
多打 3 个电话	×			×	×				5	<2>
多做 3 个演讲		×		×				2	3	<1>
30 分钟有氧		×			×			2	3	<1>
举重练习	×	×		×					3	☺
读 10 页好书	×	×		×	×			4	5	<1>
听 30 分钟指导音频	×	×	×			×		4	5	<1>
喝 5 升水		×	×	×		×	×		7	<2>
吃健康早餐	×	×		×		×		4	7	<3>
专心陪伴孩子们	×			×		×		3	4	<1>
和伴侣晚上约会					×			1	1	☺
祈祷 / 冥想时间		×	×				×	3	5	<2>
记日记	×		×		×	×	×	5	5	☺

总计								39	53	<14>

承诺就是：虽然你下决心时那股干劲儿早就烟消云散了，但仍然坚持履行你说自己要做的事情。

如果你想每天多喝水、多走路或者感情更充沛地向配偶致意——无论你为了朝着目标前进，决定做什么举措，都需要进行记录追踪，确保能够建立节奏。

生命的节奏

人们刚开始一项新事业时，几乎总是用力过度。当然，我希望你因为建立了成功的节奏感到兴奋，但你需要制订一个可以长期执行的计划，这是个可以坚持到底，中间不需要再重新议定的计划。我想让你找的不是可以在本周、本月，或者接下来的 90 天坚持的节奏，而是让你想一想这辈子剩下的时间想做些什么。复合效应——你希望在生活中得到的积极成果，将是明智的选择（和行动）长时间始终如一不断重复的结果。当你日复一日地采取正确步骤时，你就赢了。但如果你一开始就做得太多，反而会面临失败。

《成功》团队的一位朋友看到我推特上发的他的一张照片后，决定要塑形。这对他来说是生活方式的巨大转变。工作中，他每天至少要坐十几个小时，他讨厌运动。在此之前，他曾说过，如果他需要蹲下去弯腰拿盘子或拿文件，他会找到避免使用这些盘子或这些文件的方法——就是这么讨厌运动。尽管如此，他仍然决定要塑形。他去了家健身房，请了一位私人教练，开始每天练两小时，每周锻炼五天。“理查德，”我说，“这种做法是错的，你没办法始终维持这种做法，你最后会放弃的。你正把自己引向失败。”他不同意，向我保证他永远都不会改变。而且他的教练也推荐他进行这么大强度的训练。“我很坚持，”他说，“我希望能看到腹肌。”

“理查德，你真正的目标是什么？”我问他（我知道他并不想成为《男士健身》封面上的那种人）。

“我想要看起来很精干，我想保持健康。”他告诉我。“为什么？”我问。“我想拥有活力，我想长寿，能看到我的孩子们生孩子。”他回答道。这是他真正的动机，理查德为的是更长寿。也就是说他不是在为比基尼季节的到来做准备，他需要长期健身。

“好的，”我说，“你已经说服了我。但你练过头了。你还能坚持两三个月，之后你会说，‘我没空锻炼两个小时，所以我想今天我不能锻炼了。’这种情况会一而再再而三地发生。每周锻炼五天会变成两三天，你会觉得有点气馁。很快你就没锻炼的劲头了。我知道你现在真的非常有激情，所以我们这么干吧：现在每天锻炼两小时，每周锻炼五天（这需要大量的蒸汽让轮子从惯性中动起来），但这个过程不要超过 60 天或 90 天。然后，我希望你把时间缩短到 1 小时或 1 小时 15 分钟。你仍然可以一周锻炼 5 天，但我建议你锻炼四天。采用这种方式再练 60 到 90 天。然后我想让你考虑每次一个小时，每周做到最少 3 次，如果你感觉劲头格外足，那就练 4 次。我希望你能努力完成这个计划，因为如果你的行为方式无法持续，会在日后彻底放弃。”

我真的费了很大工夫才让理查德理解这一点，因为当时他雄心勃勃，认定这辈子他都能够坚持这种新的行为模式。对于那些从不锻炼的人来说，一开始就每次锻炼两小时，每周锻炼五天，这绝对是个死胡同。你必须建立一个可以坚持 50 年而不是 5 个礼拜或 5 个月的计划。你可以保持一段时间的高强度，但当你走到了隧道尽头开始看到光线时，可以开始降低强度。你每周总能找出几次 45 分钟到一个小时的空闲时间，但想把每周五天，每天两小时变成你的固定日程，这种事情永远不会发生。请记住，保持连贯是成功的关键因素。

连贯的力量

我已经说过，要问我哪种训练给我带来了竞争优势，那就是保持连贯的能力。没有什么比缺乏连贯性能更快更明确地杀死大 Mo 了。即使是善良、充满热情、有抱负、心怀善意的人也可能会无法保持连贯性。但它是一个强大的工具，可以启动飞机，带你驶往目标。

你可以这样想：如果你和我正在搭乘从洛杉矶飞往曼哈顿的飞机，但你在航线上的每个州都进行起降，而我直接飞过去，即使你在空中的速度是 500 英里 / 时，我只有 200 英里 / 时，我仍将以巨大优势击败你。你反复停止、重新启动、重拾势头所需的时间和精力将导致你的旅行时间至少延长 10 倍。事实上，很可能你甚至都无法抵达终点——在某些时候你将耗尽燃料（能量、动力、信念、意愿）。一路上只起飞一次并且保持常规速度更容易，需要的能量也更少（即使比其他大多数人都慢）。

抽水井

当你开始想放松，想打破例行程序和节奏时，考虑一下不连贯的巨大代价。不单单是因为漏了某一个动作要承受它所造成的微小结果，重要的是整个体系会完全崩溃、失去动力，你的整体进展将受到影响。

想象一下手泵式水井，通过管道从地下几英尺取水，为了把水弄到地面上，你必须抽拉水井的杠杆产生吸力，把水运上来，让水从出水口流出。见图 4-3。

图 4-3　连贯性是获得并维持动量的关键

大多数人开始一项新计划时，他们抓住摇杆，非常努力地按压。就像理查德的健身计划一样，他们很兴奋，很投入，不断地抽水，但几分钟（或几周）后，还看不到有水流出来（结果），就会彻底放弃按压摇杆。他们没有意识到需要一定时间才能抽出真空，才能把水吸入管道并最终从出水口流入水桶里。就像旋转木马，火箭飞船或蒸汽机引擎打破惯性一样，抽水需要时间，需要巨大的能量和连贯动作。大多数人都放弃了，但聪明人会继续抽水。

坚持不懈并继续抽水的人最终会得到几滴水。这时候很多人会说："你一定是在开玩笑吧，付出了这么多努力，就为了什么——可怜的几滴水？算了吧！"许多人举手投降并退出游戏，但聪明人会继续坚持下去。

此时就是奇迹出现的时刻：如果你继续抽水，不久你就会看到完整而稳定的水流。水流出来了，你不再需要那么用力或那么快地抽压摇杆。这项工作变容易了，你只需要继续连贯地抽压摇杆，保持压力稳定就可以了。这就是复合效应。

现在，如果你松开摇杆的时间太久，会发生什么？水会重新回到地下，你又回到原点。如果你想轻轻松松地抽压摇杆，可是一滴水都抽不上来，水已经回到了井底。让水流恢复的唯一方法就是重新费力开始。这就是我们中大多数人的生活方式。开展了一项新业务，然后因为休假中止了；开始每天都拨打 10 个销售电话，挖到了点金，然后又重归平淡；我们和伴侣一起开始定期进行约会之夜，但几个星期后，周五晚上又变成了在沙发上吃着微波炉爆米花看网飞。我还看到，人们买了一本新书，报名参加了一个新的计划或研讨会，为之疯狂着迷了几个星期或几个月，然后停下来，最终又回到了原点。（听起来有点耳熟？）

无论是什么事——去健身房锻炼，与伴侣加深亲密关系，或者是为了美好未来而打的销售电话，如果懈怠了两个星期，你失去的不只是这两个星期的成果。如果你失去的仅仅是这些（大多数人都这样认为），那么不会造成太大的伤害。但是，即使你放松懈怠的时间很短，你也杀死了大 Mo，它已经死了。悲剧已经酿成了。

赢得比赛最重要的就是节奏。当那只乌龟——连续不断地保持好习惯、采取积极的行为，只要有足够的时间，你可以在任何竞争中击败几乎每一个对手。这将给你带来大 Mo 的魔法。保持住！

做出正确的选择，坚持正确的行为，实践完美的习惯，保持连续不断，保持住你的势头，这些话说起来容易做起来难，尤其是，这个拥有几十亿人的世界充满活力、不断变化而且永远充满挑战。下一章，我会讨论能帮助你或阻碍你（主要是在不知不觉中）成功的许多影响因素。这些影响因素普遍存在、长期存在，而且很有说服力。要知道如何使用它们，否则你可能因为它们遭遇失败。

让复合效应为你服务（四）

行动步骤总结

规划你早晨和晚上的日程，让它们像书挡一样把你的一天围在中间。

为你的生活设计一个可以预测的、具有防故障功能的一流日程。

列出你生活中缺乏连贯性的三个方面。到目前为止，这种不连贯的代价是什么？发表宣言，承诺你在未来会坚持不懈。

在你的每周节奏登记表上，写下与目标相关的六个关键行为，它们是你想要建立节奏并最终产生动量的大Mo。（P193）

第五章

影　响

希望到现在为止，你完全了解你的选择有多重要。即使那些看起来微不足道的小事，在复合效应的作用下，也会对你的生活产生极大的影响。我们还讨论过，你要对自己的生活，自己做的选择和采取的行动负全责。尽管如此，你必须意识到你的选择、行为和习惯都会受到非常强大的外力影响。我们大多数人都意识不到这些力量对我们的生活产生的微妙控制，为了能沿着积极的轨道朝着目标前进，你要了解并管理这些影响，这样他们才能支持而不是破坏你的成功之旅。每个人都受到三种影响：输入（你填到脑海里的内容）、交往（与你共度时间的人）和环境（你的周围）。

如果你想让身体在最佳状态下运行，必须对摄入过多高质量营养素保持警惕，同时避免垃圾食品的诱惑。如果你希望大脑能保持最佳表现，就必须对喂给它的东西更加警惕。你给大脑喂的是新闻摘要还是令人麻木的情景喜剧？你读的是小报，还是《成功》杂志？控制输入对你的生产力和成果会产生直接而重大的影响。

管控我们的大脑输入很难，因为我们吸收的大部分内容都是无意识的。虽然我们也可以不经思考地吃东西，但很容易就能注意到我们都把什么塞进了嘴里，因为食物不会渗入嘴里。我们需要格外警惕，才能防止大脑吸收不相关的、产生反效果的或彻头彻尾的破坏性输入。选择性输入——防范任何可能破坏创造潜力的信息进入大脑是一场永无止境的战斗。

你的大脑不是为了让你快乐而设计的，大脑里只有一个议题——生存，它总是在关注是否存在“缺乏和攻击”的迹象。大脑的编程设定是寻找负面信息——资源的减少、糟糕的天气以及任何会伤害你的东西。因此，当你在上班途中打开收音机，被关于抢劫、火灾、袭击，摇摇欲坠的经济等各种负面新闻轰炸时，你的大脑会亮起红灯——它一整天都将用来消化这些恐惧、担心及其他负面情绪。下班后收听晚间新闻也一样，你就等着心烦意乱一晚上吧。

如果让你的大脑自己运行，它将会整日整夜在担忧、恐惧及其他负面情绪中迂回。我们无法改变基因，但可以改变我们的行为。我们可以引导思维看向“缺乏和攻击”之外的地方，对可能进入脑海的内容加以管理，保持主动，保护并充实我们的头脑。

要明确信息和环境对你的影响，请使用 P194 的“输入影响评估表”。

你创造了什么，就在生活中得到什么

期望是创造过程的驱动力。你期待的是你正在想的东西，无论是什么，你的思维过程，你脑海中的对话，是在生活中创造结果的基础。所以问题是，你在想什么？什么在影响和指导你的想法？答案是：你允许自己听到看到的所有内容，就是你填进大脑的输入信息。见图 5-1。

图 5-1　用积极、鼓舞人心和能提供支持的想法（干净的水）冲掉消极想法（脏水）

你的思维就像一个空杯子，它能承装你放进去的任何东西。如果你放入了耸人听闻的新闻，猥琐的头条报道，脱口秀里的咆哮，那么你正在把脏水倒进你的杯子里。如果你的杯子里是黑暗的、令人沮丧的、令人担忧的水，你创造的一切东西都需要经过这些泥沼和混乱的过滤，得到的就是你会想到的东西。输入的是垃圾，输出的还是垃圾。你在开车时听了一路关于谋杀、阴谋、死亡、经济和政治斗争的电台，这些输入驱动你的思维过程，思维过程驱动你的期望，期望又驱动你的创意输出。但就像脏杯子一样，如果用龙头下干净的清水冲洗杯子，只要时间够长，最终你能得到一杯纯净清澈的水。什么是清水？是积极向上、鼓舞人心、能给人支持的输入和想法；是充满雄心壮志的故事，故事里的人尽管面临挑战但正在克服障碍开创伟大事业；是获得成功、繁荣、健康、爱和幸福的策略；是创造富足、实现成长、向外拓展、变得更强的办法；是世界上好的、正确的、充满无限可能的例子和故事。这就是我们在《成功》杂志努力工作的原因。我们希望为你们提供这样的示例，这样的故事，提供一些关键的建议，帮助你提升对世界、对自己、对你创造出的结果的看法。这也是我早晚各花30分钟读励志类和教学类书籍的原因，是我在车里收听个人发展类音频的原因。我是在洗杯子，在充实我的思想。

这么做我是不是比那个一起床第一件事就是读报纸、在上下班途中听新闻、在睡觉前收看晚间新闻的人更有优势？当然了，这种办法对你也有用。

第 1 步：守卫

除非你决定在洞里或荒岛上穴居，否则你的玻璃杯里一定会有脏水。它会出现在广告牌上，当你穿过机场时出现在CNN上，当你购买杂货时出现在结账台边耸人听闻的小报头条上。甚至你的朋友、家人和你自己的负面思想都会让脏水涌入你的杯子。

但这并不意味着你不能采取措施来限制自己暴露在这些污垢里。也许你无法避免堆积在收银台上的小报，但你可以取消订阅；你可以拒绝在上下班路上听广播，而是放一张励志教学类 CD；你可以关上晚间新闻，和你的爱人聊聊天；你可以买一台 DVR，只录下你认为真正有教育意义的积极向上的节目——并快进掉那些目的是为了让你觉得“缺乏”的广告，除非你想买更多垃圾。

我真的不是在收看电视中长大的，我记得小时候看过《纯金和《最佳阵容》（你还记得吗？），但电视不是我们家庭生活的重要组成部分。我在没有电视的情况下仍然茁壮成长，因此现在我偶尔看电视时，这种经历给了我更清晰的视角。当然，我会跟着情景喜剧发笑，但之后，我的感觉就像吃了快餐一样——胃胀、营养不良。我也无法克服商业广告对我们的心理、恐惧、痛苦、需求和软弱的利用。如果我在生活里一直在想现在的自己是不够富足的——我需要买这个，还有那个才行——我怎么能期望自己创造出惊人的结果呢？

据估计，美国人（12 岁及以上）每年花 1 704 小时看电视。平均每天 4.7 小时。我们花了近 30%的时间看电视。每周近 33 个小时——每周超过一整天！这相当于每 12 个月里有两个月不吃不喝地看电视。天啊！人们还想知道他们在生活中为什么无法取得成功？

戒掉新闻瘾

媒体通过劫持我们实现蓬勃发展。你一定曾被困在高速公路上，交通停滞数英里，却还迟到了，想知道是什么让一切都耽误了？如你所料，等你终于靠近时，发现没有任何物理障碍物阻挡车流，事故明显发生有一阵了，涉事车辆已经被挪到了高速公路旁。3英里/小时的爬行是因为人们都伸长脖子扭头看引起的。你真的很恼火。但是当你的汽车经过事故现场时会发生什么？你会把速度降下来，把目光从你眼前的路上移开，然后伸长脖子扭头看。

为什么好的、体面的人也想看不幸的、怪诞的东西？这存在于我们的遗传基因里，可以追溯到史前人类的自我保护意识。我们管不了自己。

哪怕我们善于避免消极，同时训练自己要保持积极，但出现了耸人听闻的事件时，我们还是无法抗拒本性。媒体深知这一点。他们了解你的本性，在很多方面比你还了解，他们一直使用耸人听闻的轰动头条吸引注意力。今天，有数百家新闻媒体全天候运行，而不仅仅是三家新闻电视台和广播网络。报纸不是只有几家，用电脑和手机可以进入无数的门户网站。竞争从未如此激烈，他们都在竞相争夺你的注意力，各路媒体不断加码，提高新闻冲击力。他们每天都会在全世界发现十几起最令人发指的诽谤、犯罪、谋杀以及凄凉可怕的事，并一遍又一遍地在报纸、新闻频道和网络滚动播出。与此同时，在同样的24小时期间，发生了数百万美妙、美好、不可思议的事情。然而，我们却听不到关于这些事情的报道。我们兴奋地寻找负面新闻，从而创造了更多需求。

积极的新闻报道哪有希望和收视率以及广告收入竞争?

让我们回到高速公路上。假如路上经历的不是交通事故，而是最壮丽最令人惊叹的日落呢?车流会怎么样?我已经有过很多次这种经历了。车队以最快的速度呼啸而过。

在一些西方国家，媒体的危险在于它让我们对世界产生了一种歪曲的看法。因为媒体高度关注消极新闻并不断重复，我们的大脑因此开始信以为真。这种扭曲狭隘又无用的观点会对你的创造潜力产生严重影响。

我自己的垃圾过滤器

我将分享我是怎么保护头脑的——我采用非常严格的心理节食。你可以根据自己的喜好进行调整，但这个系统对我来说非常有用。

你可能已经猜到了，我不看也不听任何新闻，也不读报纸或新闻杂志。99% 的新闻和我的个人生活或个人目标、梦想和抱负无关。我设置了一些 RSS 订阅，可以推送与我的直接兴趣和目标确实相关的新闻和行业新消息。对我有益的消息从新闻混战中被选了出来，这样我就不会把泥弄进杯子里。大多数人每天都会花几小时浏览这些无关紧要的垃圾，阻碍了他们的思维，摧毁了他们的精神，我却在有需要的时候，每天花不到 15 分钟就能得到最有效的信息。

第 2 步：加入汽车大学

仅仅消除负面输入是不够的，要朝着积极的方向前进。你必须清理负面信息，用正面信息填充。我的汽车缺了两样东西就无法前进：汽油和我驾驶时随时可听的教学 CD。美国人每年驾驶里程平均为大约 12 000 英里。也就是说，你有 300 个小时可以用来“洗杯子”。布莱恩·特雷西教会了我将汽车变成移动教室的概念。他向我解释说，通过在开车时听教学 CD，每年可以获得相当于两个高等教育学位的知识。想一想，把你现在开车时听收音机浪费掉的时间利用好，你可以在领导力、销售成功学、财富建设、卓越关系或你选的任何一门课程获得相当于博士学位的资质。这种做法，再加上你例行的阅读，能让你在人群中脱颖而出——靠的仅仅是每次一张 CD、一张 DVD 或一本书。

交往圈：谁在影响你?

物以类聚，人以群分。你经常交往的人被称为你的参照组。根据哈佛大学社会心理学家戴维·麦克兰德博士的研究，你的参照组决定了你生命中95%的成败。

你和谁在一起的时间最多?你最钦佩的人是谁?这两组人完全一样吗?如果不一样，为什么?吉姆·罗恩教导我们，我们会成为最常交往的五个人的平均值。罗恩会说，我们可以通过观察周围人来判断我们自身的健康、态度和收入。与我们交往的人决定了什么话题主导了我们的注意力，决定了我们经常暴露在什么样的态度和观点中。最终，我们开始吃他们吃的东西，像他们一样说话，读他们读的东西，思考他们的想法，看他们看的东西，像他们一样对待别人，甚至穿他们穿的衣服。有趣的是，我们通常完全意识不到我和周围五人圈子之间的相似之处。

我们怎么会不知道?因为你的交往圈子并不是猛地把你推向某个方向，他们会轻微地推着你，一点一点地度过每一天。他们的影响如此微妙，感觉就像套着游泳圈漂浮在海面上，好像一直在原地漂浮，直到你抬起头，意识到温柔的水流已经把你沿着海岸推出了半英里。

想一想，你有一些朋友会在晚餐前点油腻的开胃菜或鸡尾酒，这是他们的例行动作。和这些朋友一起出去玩的次数多了，你会发现自己也会点奶酪玉米片和土豆皮，和他们一起多点一杯啤酒或一杯葡萄酒，以跟上他们的节奏。与此同时，你还有一些朋友会吃健康的食物，谈论他们正在读的励志书和他们的商业抱负，你逐渐被他们的行为和习惯同化。你阅读并谈论他们谈论的内容，你会看那些令他们兴奋的电影，去他们推荐的地方。你的朋友对你的影响十分微妙，可以是积极的或消极的。但无论是哪种方式，影响都非常强大。小心！你不能与消极的人待在一起，却期望过上积极的生活。

那么，你最常交往的五个人的平均收入、健康状况或态度是什么样的？答案会吓到你吗？如果吓到了，如果你希望拥有某些特质，最佳方法是把大部分时间花在已经拥有这些特质的人身上。然后，你将看到影响力为你服务，而不是对你造成不利。无论是哪些行为和态度帮助他们取得了你所钦佩的成功，这些行为和态度也将开始成为你日常生活的一部分。如果你在他们身边待的时间足够长，你可能会在生活中实现类似的成功。

如果你还没有，写下你最常交往的五个人的名字。还要写下他们的主要特征，包括正面的和负面的。不管他们是谁，可能是你的配偶，你的兄弟，你的邻居或你的助手。现在，求一下他们的平均数，他们的平均健康状况和银行余额是多少？他们的平均关系是什么样的？算出结果时，问问自己，“这个列表对我来说还可以吗？这是我要去的位置吗？”

是时候进行重新评估，重新确定与身边人交往的优先级了。这些关系可以哺育你，也可以让你陷入饥饿或困境。既然你已经开始认真考虑与谁共度时光了，那就让我们再深入一点吧。吉姆·罗恩曾经教导我，评估你的交往圈，并将其分为三类：断绝交往、有限交往和扩展交往。

！要明确你当前的人际交往，请使用P195的“人际交往评估表”。

断绝交往

你可以阻止你的孩子不受他们会接触到的或者和他们一起玩的人的影响。你知道这些人可能对你的孩子产生不良影响，你也知道你的孩子因此可能做出什么样的选择。我相信同样的原则也应该适用于你。你已经知道了你可能需要远离一些人，彻底远离。这一步可能不好走，但很重要。你必须做出艰难的选择，不要让某些负面影响再影响你。想一想你希望拥有什么样的生活质量，就要确保自己身边围绕的人都能够代表并且支持这一愿景。

我不断地从生活中剥离那些拒绝成长、拒绝积极生活的人。成长并改变你的交往圈是一个终身过程。有些人可能会说我对此过于严苛，但我还想做得更严格一点。我曾和一个我十分喜欢的人一起做生意，但当经济情况变差时，他谈论的话题大部分都集中在那些糟糕的事情上，比如他的公司受到了多少冲击，公司现在多么艰难，诸如此类。我说：“兄弟，你必须停止关于生活有多糟糕的话题了。我可以听出来，你在不断收集数据，强化你的这种看法。”但他坚持从更阴暗绝望的角度看每一件事，因此我决定不再和他一起做生意了。

当你艰难地决定要和拖累你的人划清界限时，要意识到他们会反击你——尤其是那些和你最亲近的人。你决定过一种更加积极的，以目标为导向的生活，这将成为一面镜子，映射出他们自己的糟糕选择。你会让他们感到不舒服，他们会试图把你拉回到自己的水平。他们的抵抗并不意味着他们不爱你或者不想让你得到最好的——他们的做法其实和你毫无关系，是出于他们对自己糟糕选择和缺乏自律的恐惧和内疚。你只需要知道离开并不容易。

有限交往

有些人，你可以和他一起待 3 个小时，但不是 3 天。还有一些人可以待 3 分钟而不是 3 个小时。永远记住，交往圈的影响强大又微妙。和你一起走路的人可以决定你步伐的快慢，从字面上和比喻意义上来说都是如此。同样，你会不由自主被你身边人的态度、行动和行为所影响。

想一想这些人的表现，判断一下你能承受他们的多少影响。我知道这很难，我有几次不得不这样做，有时甚至是亲密的家人。我不允许别人的行为或态度对我产生有害影响。

我有一个 3 分钟朋友式的邻居。3 分钟，我们可以聊得很愉快，但我们不会一起待 3 个小时。我可以和一位高中老朋友闲逛 3 个小时，但他不是一个 3 天朋友。我可以和其他一些人一起待 3 天，但不会一起度过一个长假。看看你的人际关系，确保你不会和一个 3 分钟朋友一起度过 3 小时。

扩展交往

我们刚才谈到剥离负面影响者，与此同时，你也想要扩大自己的圈子。找到那些在你想要改善的生活领域具有正面特征的人——拥有你想要的经济和商业成功的人，拥有你想要的育儿技能的人，和你渴望结识的人有关系的人，拥有你喜欢的生活方式的人。花更多的时间与这些人在一起。加入这些人聚会交友的组织、企业和健身俱乐部。后面，你还会看到我甚至曾经开车到另一个城镇来度过一些高质量时光——获得了很幸运的结果。

我在整本书中都对吉姆·罗恩赞不绝口，因为除了我父亲，吉姆是我最重要的导师和影响者。我与吉姆的关系完美地证明了扩大交往的重要性。虽然我也曾经和吉姆一起吃过几顿饭，在采访前、在活动的后台一起聊过几次天，但我和吉姆共同度过的大部分时间都是我在车里听他演讲或者在客厅里读他说过的话。我花了1000多个小时从吉姆那里得到了直接指导，其中99%是通过书籍和音频教程。令人兴奋的是，无论你处在生活的哪个阶段——也许在家里忙着照顾小孩或年迈的父母，和跟你没有丝毫共同点的人一起长期加班，抑或住在离最近的办公大楼都很远的乡下——你也可以拥有你想要的几乎任何一位导师，只要他们已经把他们最好的思想、故事和想法整理到书籍、CD、DVD 和播客中。你有无限的资源来用好它。

如果你希望拥有一段更好、更深刻、更有意义的关系，问问自己，“谁拥有我想要的那种关系？我怎样才能花（更多的）时间和那个人在一起？哪些人是我可以亲身见到并对我产生积极影响的人？”让他们的光芒照亮你。和你认为本领域最厉害的人交朋友。他们读什么书？他们去哪儿吃午饭？这种关系会对你产生什么样的影响？你可以通过加入网络小组、国际演讲会（Toastmasters Interuational）或类似组织来扩大你想要的交往。找到你想要效仿的人会聚在一起的慈善组织、交响乐团和乡村俱乐部。

寻找最佳表现合作伙伴

还有一种方法能让你与应该扩大的交往对象有更多互动——与高绩效合作伙伴结对子，这个合作伙伴和你一样致力于学习和个人成长。这个人应该是你信任的人，这人可以大胆地告诉你他们对你的看法、你的态度和你的表现。这个人可能是个老朋友，但他也可能是一个根本不了解你的人。重点是获得（并给予）不偏颇的、真实的、来自外部的观点。

我目前的问责合作伙伴是我的好朋友兰登·泰勒。正如我之前提过的，我们每个星期五都打 30 分钟电话来讨论这一周的成败、困境、顿悟和成长计划。因为知道要打这个电话，而且我也必须对兰登负责，促使我在整个星期都干得格外起劲。

我记录下兰登的失败以及他需要的反馈信息，确保自己下个礼拜会问他相关问题，他也会为我做同样的事。这样我们就可以互相追究责任。我们都是忙碌的高管，但令我惊讶的是，每周我们都能成功按时打电话，从无例外。这很不容易。有时这一天就要飞逝而过，我会突然想到我还得打电话，但通常在通话中，我会想真高兴我们打电话了。因为在准备打电话的过程中，在思考我本周的重大得失时，我都加深了对自己的了解。

如果你愿意，我为你准备了一项严肃的挑战。想得到真实的反馈？找到那些足够关心你、可以残忍地告诉你真相的人。问他们这些问题："你觉得我怎么样？你认为我的优势是什么？你认为我在哪些方面可以改进？你认为我在哪些方面在毁掉自己？哪件事如果我停下来可以给我带来最多好处？什么事是我应该开始做的？"

为导师付费

保罗·J. 梅耶是我的另一位导师，他于 2009 年去世，享年 81 岁。每当我表现真的很不错的时候，我都会避开保罗，因为他会让我面对现实。我和他在一起度过了很多时间，保罗买了我的一家公司，后来我为他的一家公司做提升规划。

他是我人生中强大的精神力量。和保罗在一起几个小时里，听了他所有的计划、冒险和活动后，我会觉得天旋地转，但与他的交往提升了我的格局。他走路的速度是我跑步的速度。和保罗的交往拓展了我的想法，让我知道我可以表现得多好，可以有多大的野心。

在你的导师眼里，你永远无法做到足够好。我在采访哈维·麦基时，他告诉我，“恐怕你不信，但我有 20 位教练。一位演讲教练，一位写作教练，一位幽默教练，一位语言教练，等等。”经常让我觉得很有趣的是，最成功的人、真正的高表现者，往往愿意聘请最好的教练和培训师，为他们付费。为了改善表现而进行的投资是有回报的。

寻找导师、聘请导师的过程一点儿也不神秘。我采访肯·布兰查德时，他解释说：“聘请导师很简单，关于导师，你需要记住的第一件事是，这不会占用他们太多时间。我得到的最好的建议都发生在简短的会面中，和他们共进午餐或早餐，告诉他们我正在做什么，征求他们的建议和其他看法。你会惊讶地看到，成功的商人愿意成为人们的导师。这不需要花很多时间。”约翰·武登也强调了这一点：“人们愿意成为导师，给别人提供指导是你真正的遗产。这是你能留给他人的最大遗产。它永远不应该结束。这是你每天起床的原因。指导别人，得到指导。人们应当乐于接受指导。我们有责任让我们的生活和思想被周围的人触动、塑造，并得到加强。”

建立你自己的个人顾问委员会

我计划变得更聪明、更具战略性、运营更有效，扩大我与高端领导者之间的交往和互动，作为这个计划的一部分，我在自己的生活中建立了一个个人顾问委员会。

按照人们的专业领域、创造性思维能力以及我对他们的尊重，我亲自挑选了十几个人。每周一次，我会和他们中的一些人取得联系并征求他们的意见。从我开始这样做之后，我可以告诉你，我得到的好处十分深远——远远超出我的预期。令人惊讶的是，他们看到我表现出真诚的兴趣时，会乐于分享。

你的个人顾问委员会应该由哪些人组成？找寻取得了你想要的那种成功的积极向上的人。记住这句话："永远不要向那些你不想和他交换身份的人寻求建议。"

环境：改变视野会改变视角

当我在旧金山东湾的房地产企业工作时，生活和工作的圈子很小。我看到同一类人在同一个层次上不断重复，我知道要找到一个更高层次的交际圈，才能抵达我想去的地方。

我于是开车穿过东湾，来到这个星球上最富有、最美丽的地方之一——位于旧金山北部马林县的蒂伯龙。如果你去过摩纳哥，蒂伯龙看起来就像摩纳哥，但更精巧有趣。这个地方有壮美的景色。我会去码头上一家舒适的海鲜餐厅山姆会员商店。那里的食物很棒，但更重要的是，餐厅很受当地富裕阶层的欢迎。

除了去山姆会员商店扩展我的交际圈，我还会坐在码头上，抬头看着山坡。我被悬崖上数百万美元一栋的房子迷住了。其中一座房子尤其吸引我——一座蓝色的四层住宅，有电梯，顶部有巨大的避雷针。什么是完美的房子？我曾经一直问自己这个问题。如果有人可以给我其中一栋房子，我会选哪一栋？答案总是一样的——这栋美丽的蓝色房子。这栋房子地理位置完美，光线和视角都很棒，是这片房子里最好的。

有天早上，我吃完早午餐准备回家时，在路上看到了一个看房的标志，我觉得去看看应该很有意思。一个标志指向另一个标志，我跟着这些标志，沿着狭窄的街道曲折地爬上悬崖，终于到达了山顶，找到了出售的那栋房子。我走进去，走到一扇巨大的临海窗户前，世界在我面前展开——蒂伯龙半岛的顶点，横跨海湾的天使岛，伯克利和东湾，海湾大桥以及整个旧金山的天际线，一直到金门大桥都在这扇拥有300度超大视角的窗户前展开。我走到露台上环顾四周。突然间，我意识到这就是我已经找了这么多年的那栋房子——这是那栋蓝房子。我当场就签了合同，我的梦想之家现在是我的了！

我没有在山姆会员商店遇到改变我人生的人。但是，那里的环境对我产生了很大的影响。在悬崖上看到那些房屋，刺激了我的野心，拓展了我的梦想。我因此比以往任何时候都更努力工作，让这些梦想成真——他们真的实现了。

你心中的梦想可能比你现在所处的环境更大，有时你必须走出那个环境才能看到梦想实现。这就像在花盆里种植橡树苗，一旦扎了根，它的成长就会受到限制。它需要广阔的空间才能长成一棵参天大树。你也是。

我所说的环境，不只是指你生活的地方，我指的是你周围的一切。创造积极的环境来支撑你的成功，意味着要清除生活中的所有混乱。不仅仅是让你难以高效工作的物理意义的混乱（虽然这也很重要），还包括你身边一切无用的东西，一切破碎的东西，一切让你畏缩的东西，它们会让你的精神产生混乱。你生活中每一件不完整的东西都会消耗你的力量，吸走你取得成就和成功所需要的能量。每一个没有完成的誓言、承诺和契约都会削弱你的力量，因为它阻碍了你的发展势头，抑制了你前进的能力。没有完成的任务一直在召唤你回到过去处理这些任务。所以，想想你今天能完成些什么。

此外，当你创建了一个能够支撑你实现目标的环境时，请记住，你允许什么出现在你的生活里，就会得到什么。生活中的每个方面都是如此——特别是在你与家人、朋友和同事的相处中。得到你允许的东西也会体现在你的生活环境中。换句话说，你会在生活中得到你所接受的以及你认为自己配得上的。

如果你允许不尊重，你将不被尊重；如果你允许人们迟到，人们和你有约时就会迟到；如果你允许工资过低和超时工作，这种情况将不会改变；如果你允许你的身体超重、疲倦并且一直生病，以后还会是这种情况。

令人惊讶的是，生活将围绕你为自己设定的标准展开。有些人认为自己是他人行为的受害者，但实际上，人们如何对待自己是由我们自己控制的。保护好你的感情、心理和物理空间，才可以平静地生活，而不是陷入世界向你施加的混乱和压力中。

如果你想养成一种连贯、有节奏的例程，让大 Mo 造访并且入住你家，就必须确保你营造出了欢迎大 Mo 的环境，这种环境能够支持你成为行为和表现都世界一流的人。

我们现在讨论的是世界一流的问题，下一章，我会帮你吸收目前所学到的一切，告诉你加速实现成果的秘诀。只需稍加努力就可以获得更好的结果，这可能会让人觉得有点像作弊，但就像获得了不公平的优势一样。但谁说人生是公平的?

让复合效应为你服务（五）

行动步骤总结

确定媒体和信息输入对你生活的影响。你需要什么样的输入来保护你的杯子（头脑），如何使用正面的、令人振奋的、有帮助的输入定期冲洗你的杯子（头脑）。

评估你当前的交往。你可能需要进一步限制和谁的交往？你可能需要完全终止和谁的交往？制定策略，扩大有益交往。

选择一个最佳表现合作伙伴。决定你们需要在哪些内容上对彼此负责，确定对话的时间和频率，确定你希望对方在每次对话中给你提供什么想法。

确定你最希望改善的生活的三个领域。在每个领域寻找并聘请导师。你的导师可能是那些已经完成了你的梦想、曾与你进行简短交流的人，也可能是在书里或在CD里记录了他们想法的专家。

加　速

我住在加利福尼亚州拉霍亚时，为了锻炼我的意志力，我会定期骑两英里自行车上索莱德山。在你自愿做的事情里，很少有比在陡峭的山上连续不停地骑自行车更痛苦、更磨人的了。你会到达一个撞墙点（再也骑不动了），那时你会面对自己真实的内心，突然之间，你对自我的所有投射和想法都被扒光了，环绕在你面前的只有赤裸裸的真相。你的大脑开始编造各种各样的借口，想要说服自己现在停下来没有问题。此时此刻，你面临的是生活中最重要的问题之一：你能熬过痛苦继续前行，还是会像被砸开的核桃一样崩溃放弃？

兰斯·阿姆斯特朗是2009年6月的《成功》杂志封面人物。我还记得看到兰斯第一次取得环法自行车赛胜利时的情景。巡回赛已经进入到了艰苦的山地赛段。其他车手对兰斯不屑一顾，因为他籍籍无名。第三次登山赛时下着冻雨、冰雹，还弥漫着薄雾，兰斯与他的团队分开了，他独自一人与世界顶级登山者作战。最后一次上升，需要爬升 18 英里到达塞斯特列雷，经过五个半小时的爬升，每个骑手都已经痛苦不堪。每个人都需要向自我耐力和自我定义的最深处探寻——他们能忍受吗？这考验的是谁会崩溃，谁不会。

离终点还有 5 公里的时候，兰斯落后领先者 32 秒，骑自行车登山时的 32 秒像是永远那么久。在一段弯道，兰斯站起来，发力向前冲，追上了两名领先的选手——这两位都是世界一流的登山骑手。兰斯几乎用掉了他体内拥有的一切力量发动了攻击，领先了一段距离。他后来在《重返艳阳下》（*It's Not About the Bike: My Journey Back to Life*，湖南文艺出版社，2004 年）一书中写道："你拉开了差距，你的竞争对手却没有回应，这说明了一些问题。他们正在经历痛苦。他们经历痛苦时，就是你击败他们的时候。"虽然已经耗尽了最后一点力气，尽管呼吸都在挣扎，腿和手臂也都在疲惫中燃烧，但兰斯还在不停地蹬踏板。有人尝试过，但没有人能追上他。兰斯越过了终点线，他挥舞着拳头，出人意料地赢得了阶段比赛，并最终赢得了环法自行车赛。

本章我想和你讨论这些关键的真实时刻，讨论复合效应将如何帮助你实现突破，达到新的更高水平的成功——速度比你能想到的更快。只要你做好准备，进行实践，加强学习并不断投入所需要的努力，你迟早会抵达那个真实时刻。在那一刻，你将定义你是谁，你将成为谁。正是这些时刻带来了成长和提高——这个时刻决定了我们是向前迈进还是害怕退缩，决定了我们会登上领奖台捧起奖杯，还是继续在人群中闷闷不乐地为其他人的胜利鼓掌。

我还会在本章讨论你怎样才能始终如一地实现超出期望的结果，甚至进一步复合你的好运。

真实时刻

“每场比赛都会有这么一个时刻，一个骑手遇到了他真正的对手——明白这个对手就是他自己。”兰斯在自传中写道，“每当我骑自行车遇到最痛苦的时刻时，我都非常好奇自己会如何回应。我会发现内心最深处的弱点，还是会挖掘出内心的力量？”

当我在房地产行业工作时，我会在金钱时间（下午 5 点到 9 点）打推销电话，经常因为打断别人的晚餐或喜欢的电视节目挨骂。但是，每当在这个时候，我都不会放弃，而是会认识到我的竞争对手也正在面临同样的挑战。我知道这就是这个时刻——是实现成功和进步的决定性时刻。如果我继续前进，我会大步超过他们。当我随着大队一起前行时，一点也不难，不痛苦也没有挑战性，但我只是跟上了队伍，没有真正领先。所以重要的问题不是达到你的撞墙时刻，重要的是你撞了墙之后怎么做。

著名的足球教练卢·霍兹知道，你在拼尽全力之后超越极限才能创造胜利。在一场比赛中，他的球队半场结束时以 42 比 0 落后。半场休息时，卢向他的球队展示了如何用一连串精彩的阻挡、截断和重新得分阻止第二轮攻击。他告诉球员们，他们在他的球队不是因为他们每场比赛都能全力以赴，每支球队的每个球员都能做到这一点。他们能进入他的球队，是因为他们能够在每场比赛中额外付出关键的努力。在你拼尽全力之后继续付出的那些额外的努力是决定结果的关键因素。他的球队在下半场赢得比赛。胜利就是这么来的。

穆罕默德·阿里是史上最伟大的拳手之一，不仅因为他的速度和敏捷性，还因为他的战略。1974 年 10 月 30 日，阿里在“丛林之战”击败乔治·福尔曼，重夺重量级冠军，这是拳击史上最大的冷门之一。几乎没有人看好阿里，甚至阿里的长期支持者霍华德·科塞尔都不认为这位前任冠军有机会获胜。乔·弗雷泽和肯·诺顿此前都击败了阿里，而乔治·福尔曼在第二轮就击败了他们两人。阿里的策略是什么？利用年轻冠军的弱点——缺乏持久力。阿里知道他能把福尔曼逼到撞墙的那一刻，他就可以占据优势。阿里在这场比赛中想出了后来被称为倚绳战法的策略——阿里靠在绳子上，遮住脸，而福尔曼在前七轮中就打出了数百拳。到第八轮，福尔曼筋疲力尽，他撞到墙上了。就在那时，阿里在中心环用一套组合拳放倒了福尔曼。

撞墙不是障碍，而是机会。兰斯·阿姆斯特朗第二次争夺环法自行车赛冠军时，又到了山路赛段。第一段大攀升恰好是兰斯那年春天因为湿滑发生重大撞车事故的地方，他在那场事故中不幸脑震荡，椎骨骨折。现在又下雨了，他没有担心或犹豫，而是说："今天的天气非常适合进攻，主要是因为我知道其他人不喜欢这种天气。我相信世界上没有人比我更能受苦。这对我来说是美好的一天。"他是对的。兰斯捧回了他的第二座奖杯。

情况好的时候，事情很容易，没有任何让人分心的事。没有人打扰你，没有外部诱惑勾引你，也没有任何东西扰乱你的步伐。这也是大多数人都做得很好的时候。等到情况变得没那么容易，出现了问题，诱惑也很大，恰恰这时你就需要证明自己值得拥有进步。正如吉姆·罗恩所说："不要希望事情更容易，希望你能变得更好。”

当你按照自己的实践、惯例、节奏和坚持一步一步撞上墙时，要意识到这是把你从旧我中分离出来的那一刻，你要在这一刻翻过这堵墙，找到新的、强大的、成功的、胜利的自我。

让你的成果倍增

现在我要给你提供一个激动人心的机会。我们已经讨论过简单的训练和实践将如何随着时间的推移进行复合，为你带来极其强大的结果。如果你可以加快这个过程，让成果倍增呢？你感兴趣吗？我想向你展示，如何只需要多付出一点努力就能让你的成果呈指数增加。

假设你正在进行力量训练，这个训练项目需要你在一定负重下完成 12 次训练。现在，如果你做了 12 个，你就完成了训练计划，保持连续性，你就能看到这种训练经过复合效应为你带来的强大结果。然而，如果你已经做完了 12 次，哪怕你已经做到了力竭，但你还是又做了 3 次 ~5 次，这组训练产生的影响将成倍增加。这样做并不仅仅是在你的训练总成绩中增加了几次数量，那些在你力竭后完成的次数会让你的结果成倍增加。你刚刚穿过了力竭那堵墙，之前做的那些组数让你来到墙边。真正的成长发生在你站到墙边之后做的事情。

阿诺德·施瓦辛格发明了一种叫作“作弊原则”的力量训练方法，非常有名。阿诺德坚持技术一定要完美，他认为，如果你以最佳状态做到了最大组数，调整你的手腕或向后倾斜，调动其他肌肉协助主要发力肌肉（作点弊）可以让你再做五到六次，这么做会显著提高本组训练的结果。（如果你自己无法独立完成最后几次动作，也可以让搭档帮你实现目标。）

如果你经常跑步，一定了解这种体验。那天你达到了为自己设定的目标，感觉到身体已经在燃烧，你来到了墙边，但是你接着跑，跑得更远一点，更久一点。

这个“稍微久一点”实际上大幅扩张了你的极限。你已经把这次跑步的结果增强了数倍。

说回我们在第1章中谈到的神奇便士，它的价值每天翻一番，向你展示了小型复合作用的结果。如果你在同样的31天里每周多进行一次翻倍，这枚便士复合之后的资产是1.71亿美元而不是1000万美元。这再次证明了，只需要有四天的时间付出额外努力，结果就会增强很多倍，这就是比预期多做一点点的数学运算法则。

把自己视为最难打败的对手是强化结果的最佳方式之一，当你撞上墙时，翻过去，超越自我。另一种增强结果的方法是超越其他人对你的期望——做得比足够更多。

超越期望

奥普拉对这种原则的使用十分出名——使用这种原则，她凭借自己的慷慨和才能以一种很大的格局生活工作，超出了任何人的期望。说起奥普拉，她给所有人都留下了更加深刻的印象。你还记得她 2004 年 9 月第 19 季节目的第一期吗？那一季节目的开篇让所有媒体甚至全世界在此后的几天持续热议。

我们现在来回忆一下：那场节目的观众之所以被选中作观众是因为他们的朋友和家人都写过每个人都迫切需要一辆新车。奥普拉点了 11 个人上台，她给了他们每人一辆新车——一辆 2005 年款的庞蒂亚克 G6。然后是真正的惊喜——她给其他观众也分发了礼品盒，说其中一个盒子包含了第 12 辆车的钥匙，这已经超出了所有人的期望。但是当观众打开他们的盒子时，发现每个人都有一套钥匙。她大声喊道："每个人都有一辆新车！每个人都有一辆新车！"

虽然这可能是她最著名的例子，但奥普拉做的每一件事几乎都超出了我们的期望。还有一期节目中，有一位在寄养家庭和收容所生活了很多年的女孩，奥普拉给她提供了4年的大学奖学金，一次大变装和一万美元的衣服，让这个女孩喜出望外。还有一次，一个家庭里的8个寄养孩子马上就要被赶出去了，她给了这家人13万美元修缮房屋。

现在你可能会说，是的，但她是奥普拉，她当然可以做那些事情。但事实是，有很多人和奥普拉处在同样的位置上——有同样的财富和名望，他们也可以做那些事情，但他们从来没有冒险进入非凡的境界。奥普拉这么做了，正是这些造就了奥普拉。学学奥普拉，在生活的方方面面，你都可以做得比预期更多。

在我向妻子乔治娅求婚的时候，我本可以按照人们的期望行事，拜会她的父亲，请求和他的女儿结婚。但是，我决定用葡语准备一段话，以此来表示对她父亲的尊重（我让乔治娅的妹妹帮忙翻译我想说的话）。他对英语的理解能力不错，但在用英语时却不能做到完全放松。从圣迭戈到洛杉矶一路上，我一直在排练，我手捧鲜花和礼物走进她们家门，请她父亲和我们一起进入客厅。然后我背出了那段话。谢天谢地，他说，“可以！”

但我并没有就此止步。在回来的路上，在接下来的几天里，我打电话给乔治娅五个兄弟中的每一个人，请求他们祝福我加入这个家庭。有些人很容易说服，其他人则让我“赢得祝福”。后来她告诉我，我的求婚中最特别的一点就是我如何向她的父亲表示尊重，如何给每一个兄弟打电话（并让她的妹妹教我葡语），这让这次求婚格外特别。额外的努力使结果得到了指数级加强。

斯图尔特·约翰逊拥有《成功》杂志的母公司视频加有限公司。当年斯图尔特决定收购《成功》杂志、成功网和成功传媒的其他财产时，投入了大量资金，还押上了自己22年的声誉。当时处于近年来经济最严峻的一段时间，纸媒也不被看好，这个动作本身十分大胆，但后来他的表现甚至超出预期。虽然新企业仍然在寻找立足点（也就是说：经营活动仍有亏损），而他的主要生意在2008年和2009年金融海啸期间像世界其他公司一样遭遇挫折，斯图尔特还是推出了一个致力于儿童权益事业的非营利性基金。他打算致力于向全世界传授个人发展的基本原理，他希望能百分之百确定这些信息同样可以传达给广大青少年。因此，他成立了成功基金会（www.SUCCESSFoundation.org）。他将个人成就的基本原则汇编成一本名为《青少年的成功》的书，并通过负责任的合作伙伴和非营利组织免费分发，目的是为了培养年轻人的头脑和思想。

斯图尔特亲自为成功基金会的经营管理提供资金支持，第一年，在一些好朋友的帮助下，他资助了超过100万本书的发行。今天，这个数字要大得多，而且还在继续增长。现在，即使没有为新基金会提供资金的负担，斯图尔特也已经投入了巨额资金，承担着很大的风险。但是，对基金会的额外贡献和奉献大大强化了他对潜在的合作伙伴、新闻界、同行和员工的承诺。他的表现远远超过预期——这胜过千言万语。

在生活中的哪些领域，当你撞到墙上时，可以做的比预期更多？或者在哪里可以发现不需额外付出太多努力，但是多做的一点点可以使你的结果成倍增加？无论你要做的是什么——打销售电话，为客户服务，表扬你的团队，肯定你的配偶，跑步，握推，筹划一个约会之夜，陪伴你的孩子，等等，你可以额外做些什么努力，让你的行为超出预期并加快获得成果？

不走寻常路

我知道，我天生叛逆，要是有人告诉我大家都在做什么，一致认为该做什么，什么最受欢迎，我通常会反着来。如果每个人都往东走，我会往西。对我而言，流行就意味着普通，意味着常见，常见的事情会产生常见的结果。最受欢迎的餐厅是麦当劳，最受欢迎的饮料是可口可乐，最受欢迎的啤酒是百威，最受欢迎的葡萄酒是风时亚（是的，那种装在纸盒里的红酒）。消费这些流行的东西，你将成为普通人里的一员。这很普通，普通没什么不对，但我只是喜欢努力成为不寻常的那个人。

例如，每个人都会送圣诞贺卡。但是在我看来，既然每个人都这么做，其实就没什么用。所以我选择送感恩节贺卡。你收到过多少张感恩节贺卡？没错。这就是我的宣言。我没有批量打印计算机直接生成的那种祝福贺卡，我通过手写表达我对这段关系的感激，表达了他或她对我的重要意义——付出的努力是一样多的，但影响更大。

理查德·布兰森通过不走寻常路建立了自己的职业生涯。我喜欢看他成立新公司的启动仪式。每一次的特技都比上一次更大胆，更可怕，更令人意想不到。无论是驾驶热气球环球旅行，还是在纽约第五大道开着坦克只为了让美国人认识维珍可乐，理查德总能实现意想不到的效果。他也可以按照常规做法开一个新闻发布会，组织一两场记者招待会，举办一场时尚聚会，结束收工。但他没有，他选择了让人大吃一惊的方法。他推广新品花的钱可能和其他公司一样多（有时甚至更少），但他以意想不到的风格成功了。这些令人惊叹的元素表达了态度，使他的努力造成的影响数倍增加。

通常，额外的努力不会花费更多的钱或精力。我还在做房地产时，其他人都是顺路去拜访过期的房源。我不会，我会专门开车出现在他们家门口，手里拿着一个“已售出”的标志。“拿着这个，”他们给我开门时我会这么说，“如果你雇用我接管这个房源，你就会需要这个牌子。”我花的仅仅是一箱油钱，我得到这个房源的机会却呈指数增长。

最近，我的一位朋友亚历克斯正在面试一个重要岗位。他住在加利福尼亚州，新工作在波士顿。他是最后入围的 12 名候选人之一，他们将实地面试当地的候选人，通过视频会议的形式面试外地候选人。他打电话给我，询问我知不知道怎么在视频面试中表现更好。

“你多想要这份工作？”我问他。

“这是我梦寐以求的工作，”亚历克斯告诉我，“我花了45年的时间为这份工作做准备做。”

“坐上飞机，本人亲自去面试。”我说。

“没有必要。”亚历克斯说，“他们是在挑选入围最终一轮面试的3名候选人。”

“听着，”我告诉他，“如果你想入围终面，你应该做出让人意料不到的事情，让自己更出众。从美国这头飞过去，本人亲自出现，这就是你的态度。”

如果我把目光投向某事，我将全力以赴确保成功。我发起了一个我称之为的“震骇效应”的运动，在这次求职中，我建议亚历克斯全力以赴，坚决开展攻击。

“调研所有做决定的人，”我告诉他，“找出他们的兴趣爱好，孩子的爱好，配偶的爱好，邻居的爱好等。送给他们你认为他们可能会喜欢的书籍，文章，礼物和其他资源。“这么做是不是有点太过了？”亚历克斯说。“没错，但这就是关键所在。他们会知道你在试图恭维他们，但他们会欣赏你的勇气和创造力——你肯定会得到他们的关注，而且很可能得到他们的尊重。”我继续说，“调研这个组织中的所有人。弄到名单表并在你的社交网络里搜一搜，看看你的社交网认识的人是否可能在该组织认识人。在你的 LinkedIn 数据库里搜索每一个名字。找到一些能建立联系的人。和他们聊一聊，请他们为你说好话。给他们送礼物，便条和其他东西，要求他们把这些东西转交给决策者。在这个过程中给他们打电话，发电子邮件，发传真，发文字，发推特，发脸书等等。你可能会认为这是不是有点儿过激了。是的，但是我认为，你可能会因为过于咄咄逼人而失去五分之一的机会，但你会得到另外五分之四的机会！”

顺便说一句，亚历克斯没有接受我的建议，他没有得到这份工作。他甚至没有入围最后的 3 人。我可以毫不含糊地说，他比该组织最后选的那个人要好得多，但亚历克斯没有给人留下印象，这让他失去了他的理想工作。

我任董事的一家公司需要一位国会议员签署一项立法，因为该立法决定了该公司是否可以继续推进某一重要项目。这个议员毫不让步，不是因为法律本身，而是因为政治角力，他正在攻击支持这项法案的另外一个人。与其徒劳地做他工作，我建议我们越过他，和他的老板——他的妻子谈一谈。我们搜寻了社交网，最终找到了一个和他妻子是朋友的人。然后我们去到她做礼拜的教堂，一直在外面等她，让她的朋友帮我们引荐。我们向她解释了我们的项目非常重要的原因，这个项目是在一个贫困社区建立课外设施，如果她丈夫愿意支持，这个项目能造福数百名儿童的生活。不用说，他星期二就签了法案，我们公司成功拿到了项目。

当今社会充斥着各种宣传，人们没有足够的注意力进行分配，有时需要做出意想不到的事情才能让人们听到你的声音。如果你有一个值得关注的事业或理想，那就竭尽全力，甚至做一些让人意想不到的举措，让你的事被人听到。除了要有才华，脸皮还得稍微厚点。

超出预期

看不见的孩子（www.InvisibleChildren.com）是另一个我担任董事的非营利组织，主要工作是帮助营救在乌干达北部和刚果被绑架并训练成士兵的儿童，让他们恢复健康。为了让公众了解他们的事业，该组织举办了一场名为“救援”的百城活动，超过80万名年轻人在城市外面扎营，直到当地的知名领导人来“拯救他们”，从而获得这些领导人的关注和支持。四天之后，除了一个城市外，其余所有城市都获得了救援，美国参议员泰德·肯尼迪和约翰·克里，瓦尔·基尔默，克里斯汀·贝尔以及其他许多其他著名领导人出现在了 90 个城市的活动中。获得救援的最后一个城市是芝加哥，需要奥普拉出面。过了三天，奥普拉还没有出现，第四天，他们组织了一场游行，围着她的工作室转了一圈又一圈。第五天，他们进行了一天一夜的歌舞表演。然后第六天，经历了恶劣的天气，在雨中睡了一觉之后，500 多名参与者从凌晨 3:30 开始举着牌子围着她的工作室静静地站着。那天早上奥普拉走出了哈波演播室的大门，与组织的创始人交谈，邀请所有参与者在那天早上参加面向 2000 万名观众的直播。这种关注度，让“看不见的孩子”登上了拉里·金脱口秀以及其他 232 家新闻媒体——观众共计超过 6500 万人。随后，国会审议了一项支持 Invisible Children 拯救儿童的法案。该组织通过“救援”活动已经获得了比预期更好的成绩，但他们多付出的那一点决心和坚定占领了最后一个城市（以及奥普拉的注意力），为“看不见的孩子”争取到了它迄今为止最大的倡导者，工作成效因此成倍增加。

找到期望值，然后超过它。哪怕是小事也是如此——或者说尤其如此。比如说，无论我认为参加某活动的着装标准应该如何，我总是选择至少更进一步。当我不确定参加活动该穿什么时，我总是宁可表现得过分一点，穿的比这个场合需要的更好一点。这很容易实现，我知道，但这么做不过是试图在达到标准的基础上做得比预期更好。

我为大公司做主旨演讲时，会花大量时间准备——了解他们的组织、产品、市场以及他们对我演讲的期望。我的目标始终是大大超越他们的期望，要实现这一点，需要不懈的准备。让做得比预期更好成为你声誉中的一个重要部分，你的卓越声誉可以使你在市场上取得的成绩倍增。

我曾合作过的一位首席执行官的理念是在合同承诺前几天向人们（包括供应商）付款。当我在头一个月的 27 日收到他第二个月的支票时，印象十分深刻。当我问他为什么这么做时，他说，“很明显还是那么多钱，但它买到的惊喜和善意是无法估量的——何乐而不为呢？”

这是我非常钦佩史蒂夫·乔布斯的诸多原因之一。我们《成功》杂志专访的众多名人中，乔布斯是我的最爱之一。无论你对 Apple 下一次产品发布有什么期望，乔布斯呈现给你的总是会多一些（或多很多），让你啧啧称叹。在一系列重大计划中，他多带给你的东西可能只是一个小小的补充，但即使如此，这样就好于预期，会让客户的印象和好感加倍，同时加深他们的忠诚度。

在一个大多数事情都达不到预期的世界里，你可以通过做到比预期更好，从而大幅提升你的成绩，从人群中脱颖而出。我喜欢罗伯特·舒勒在《成功》杂志专访（2008年12月）中告诉我们的大胆言论，“如果任何想法不是以‘哇！’开头的，我就能断定这个想法不值得。”

诺德斯特龙[①]以超过预期出名。在客户服务方面，他们总是力求做得比预期更好。众所周知，诺德斯特龙收回了一年多以前客户购买的商品，哪怕没有收据，有时还是在别的店铺购买的。他们为什么要那样做？因为他们知道超出预期可以建立信任，打造客户忠诚度。他们凭借这种做法培养了不凡的声誉，从而进一步吸引了更多注意力。毕竟，我在这提醒你，倍增效应是不断增长的！

我向你发起挑战——挑战你在自己的生活、日常习惯、日常做法和固定日程中使用这种哲学。在你现有努力的基础上额外多付出一点时间、精力或思考，不仅可以改善你的成绩，还会使你的成绩倍增。只需要额外付出一点点努力，就可以做到格外卓越。请在你生活的各个方面寻找实现倍增的机会，你还可以更进

① 诺德斯特龙：美国高档连锁百货店。

一步，再把自己往前推一点，再坚持久一点，准备得再充分一点，表现得再完整一点。你能在哪里做得更好，超出预期？什么时候能做到完全出乎意料？尽可能多地找到让人“哇”一声的机会，你取得成就的水平和速度会让你震惊，同时也会让你身边所有人震惊。

让复合效应为你服务（六）

行动步骤总结

什么时候是你的真实时刻（例如，打销售电话、锻炼、与配偶或孩子沟通）？找出这些时刻，这样你就知道什么时候能努力找到新的成长点，就是这里，你将和其他人以及旧的自我分道扬镳。

找到生活中你可以额外多做一点的三个方面（例如，举重，打销售电话，表达认可，表达肯定等）。

列出生活中可以超越期望的三个方面。你可以在什么地方以及如何创造让人“哇”一声的时刻？

列出三种可以出人意料的方法。你可以在哪些方面将自己与常见、正常或预料之中区分开？

结　论

只学习不执行是没有用的。我不是为了自娱自乐，也不只是为了激励你才写的这本书（这工作不轻松）。只有动力没有行动会导致妄想。正如我在介绍中所说，复合效应以及它在你生命中展现出的结果是货真价实的。让成功找上门再也不是空想。复合效果是一种工具，如果你能连贯地、积极地采取行动，你的生活中将产生真正而持久的差异。让这本书及书中的理念成为你的指南，充分领悟这些想法和成功策略，为你创造真真切切的、可以看到的、可以衡量的成果。每当你意识到那些看似无害的微小恶习已经悄悄潜回你的生活，拿出这本书。每当你掉了链子中断了，请拿出这本书。每当你想重新点燃动力，增强你的为什么力量时，请拿出这本书。每次你读这本书，它都会吸引大 Mo 去拜访你的生活。

我想和大家分享一下我的写作动机。有意义是我人生的核心价值观。我的愿望是给其他人的生活中带来积极的改变。所以为了实现我的目标，我需要你完成你的目标。我所追求的是你改变了生活，你取得的成果就是证明。我希望收到你的电子邮件或信件，或者你明年（甚至是5年或10年后）能在机场拦住我，告诉我你凭着这本书中的想法取得了令人难以置信的成果。只有这样，我才能知道我已经完成了我的目的和我的目标——我实现了人生的核心价值观。

为了你能取得这些成果（也为了我能得到证明），你必须立即按照你新获得的见解和知识采取行动。没有投入的想法是白费功夫。我不希望这种情况发生。是时候为了你的新信念采取行动了。你现在拥有了力量，希望你能抓住它!

你准备好做出巨大的改进了，对吗？当然，答案显然是，“是的！”但是你知道，说准备好做出改变了，和真的做出了改变并不是一回事。要得到不一样的结果，你得采取不一样的方式。

无论你找到这本书时人在哪里，或者是哪一年，如果可以的话，我会问你这些简单的问题：“回顾你五年前的生活。你现在所处的位置，是你那时觉得五年后会抵达的位置吗？你改掉了那些你发誓要改掉的坏习惯了吗？你是否拥有你想拥有的体型？你有不错的收入，令人羡慕的生活方式和期望中的个人自由吗？你有健康活力的身体，滋润的爱情关系，以及你希望在生命的这个阶段能够拥有的一流技能吗？如果没有，为什么？答案很简单——因为选择。是时候做出新的选择——选择不让接下来的五年成为之前五年的延续。选择一劳永逸地改变你的生活。

让我们未来的 5 年与过去的 5 年完全不同。我希望你现在已经看清了前路，你知道获得成功的真相。你没有任何借口了。像我一样，你也会拒绝被最新的噱头所迷惑，或者受到速效配方的诱惑被分散注意力。你将专注于简单而深刻的训练，训练将引导你朝着愿望前进。你知道成功并不容易，不是一夜之间发生的。你明白，当你尽量做到每一次都做出积极选择时（尽管不能立刻产生明显的效果），复合效应将带你达到令你惊讶的高度，这种高度会让你的朋友、家人和竞争对手感到困惑。当你坚持你的“为什么”力量，连续不断地坚持新的行为和习惯时，动量将带你快速前进。然后，带着这种动量，加上连续不断的积极行动，未来五年不可能再和现在一样。相反，当你让复合效果为你效力时，我敢打赌，你会体验到你目前无法想象的成功，那将是不可思议的成功。

我有一个更宝贵的成功原理传授给你，无论我在生活中想要什么，我发现获得它的最佳方式是集中精力为别人付出。如果我想增强自信心，我会寻找方法来帮助别人增强自信。如果我想觉得更有希望，更积极、更受鼓舞，我会尝试在别人的日常生活中注入希望、正面情绪和鼓励。如果我想让自己更成功，最快的方法就是帮助别人获得成功。

帮助他人并慷慨地投入时间和精力产生的涟漪效应是，你会成为个人慈善事业的最大受益者。为了改善生活轨迹，请在你自己的生活中尝试这个哲学，这是我希望你做的第一个简单的小步骤。如果你在本书中找到了价值，如果它以任何方式帮助了你，请考虑给你关心而且希望他们获得更大成功的五个人分别送一本。送书对象可以是亲戚、朋友、团队成员、供应商、你最喜欢的当地小企业主，或者你刚认识并希望给他们的生活带来巨大差异的人。我知道这听起来对我有利。确实如此。请记住，我追求的是成功的证明。我的目标是在数百万人的生活中产生影响，但要做到这一点，我需要你的帮助。但我向你保证，最终，最受益的是你自己。帮助别人了解如何获得更大的成功，是你在自己生活中实践成功之道的第一步。与此同时，你可以给别人的生活带来巨大的差异。这本书可以永远改变某些人的生命进程……你可以成为那个送书人。没有你，他们可能永远找不到这本书。

写下你将送出这本书的五个人：

（1）______________________

（2）______________________

（3）______________________

（4）______________________

（5）______________________

感谢你的宝贵时间，我深感荣幸！期待着阅读你的成功故事。

为了你的成功致敬！

达伦·哈迪

评估表

感恩评估表

	1	2	3
我生命中三个最了不起的：			
我对身体最满意的三个地方：			
我的住所或我家的三个优点：			
我的职业或工作的三个优点：			
我拥有的三大独特才华和技能：			
我拥有的三大知识和经验天赋：			
我生命中经历幸运的三个时刻：			
我感觉充实和快乐的三种方式：			

核心价值评估表

你的价值观是你一生的GPS导航系统。定义和正确校准价值观，是让你的生活驶向最宏伟愿景的最重要步骤之一。以下问题将帮助你评估和完善对你而言最重要的事以及你生活中最重要的事。仔细回答每个问题，我会帮你选出你生活中排名前六位的价值观。

	1	2	3
我最尊重的人？他/她的核心价值是什么？			
我最好的朋友？他/她的三大品质是什么？			
我最想获得最好的朋友身上的哪个品质？			
我最厌恶的三件事是什么？为什么？			
我最不喜欢的三个人是谁？为什么？			
我最想传递给孩子的是哪三项价值观？			

生活评估表

面对现实：

只要是你自己经过深思熟虑进行的评估，就没有错误的答案，没有评分，没有评级，甚至没有对答案的解读。诚实面对自己。即使真实的反应有点尴尬或痛苦，记住没有其他人需要看到它，永远不要欺骗自己。

按照从 1 到 5 打分，1 为最不符合现实，5 为最符合：

关系维护

	1	2	3	4	5
我每周的家人时光至少 10 小时。					
我保持与朋友每周聚会至少 1 次					
我完全原谅生命中的每一个人。					
我正成为更好的配偶、父母和朋友。					
我支持并帮助朋友和家人变得更好。					
亲友发生冲突时，我承担全部责任。					
我相信与我一起生活和合作的人。					

我对一起生活和合作的人100% 诚实。					
我承诺他人，并能兑现这些承诺。					
我知道自己何时需要向谁求助。					
总得分					

身体维护

	1	2	3	4	5
我每周至少做 3 次力量训练。					
我每周至少做 3 次心肺锻炼。					
我每周至少做 3 次拉伸 / 瑜伽。					
我每天看电视不超过 1 个小时。					
我每天都吃营养丰盛的早餐。					
我拒绝吃任何不健康的快餐。					
我每天至少在户外 30 分钟。					
我每晚至少安心地睡 8 个小时。					
我每天喝饮料不超过 1 种。					
我每天保证至少喝 8 杯水。					
总得分					

习惯评估表

魔法来自成为你需要成为的人，这样才能吸引你想要见到的人或想要实现的结果。使用下面的示例，确定实现目标需要的神奇因素。

示例：

目标：2030 年多赚取 10 万美元的收入

我要成为的那个人是怎么样的？
· 我是掌握时间效率的自律大师。 · 我只专注高收益和高效率的行动。 · 我每天醒来第一件事是定下今日目标优先级。 · 我为身体加油，每周锻炼 4 天，保证活力高效。 · 我向大脑输入创意和灵感，强化我的激情。 · 我周围都是良师益友，激励与帮助我获得更高成就。 · 我是一个聪明、自信、有成效的领导者。 · 我从身边人身上寻求力量，也给予他们力量。 · 我不断寻找方法让客户惊叹，留住并吸引新老客户。
我要养成哪些新习惯？
· 5 点起床，用 30 分钟阅读或收听励志的书籍 / 音频来喂食大脑。 · 早上 30 分钟安静思考的时间和 30 分钟的计划时间。 · 每周锻炼 3 次，每次至少 30 分钟。 · 每周电话跟进 10 个重要客户，开发 10 个新客户； · 每晚做好复盘与规划，关注目标客户的新闻和更新。

<table>
<tr><th colspan="2">我要发展现有的哪些习惯：</th></tr>
<tr><td colspan="2">· 认可我的团队，当他们完成任务、提前上班、反应迅速、穿着专业……</td></tr>
<tr><th colspan="2">我要停止哪些不良的习惯：</th></tr>
<tr><td colspan="2">· 晚上看两小时的电视，在车里听新闻。
· 参加没有实际成果的会议，与优先级目标冲突的项目。
· 与同事八卦，抱怨经济、市场、团队成员或客户。
· 白天接打个人电话，在脸书或其他社交媒体上消耗时间。
· 晚上 7:30 后吃饭，喝葡萄酒，没有客户时午餐时间长。</td></tr>
<tr><th colspan="2">我将如何在日常生活改进排名前三的目标：</th></tr>
<tr><td>充实头脑</td><td>· 早上煮咖啡时，阅读 30 分钟。
· 在上下班路上收听音频。</td></tr>
<tr><td>跟进客户</td><td>每周给 10 个客户打电话，时间定在：周二 14:00~17:00，周三 10:00~12:00，周四 13:00~16:00</td></tr>
<tr><td>发展交往</td><td>每隔两周参与优秀人才论坛</td></tr>
</table>

每周节奏登记表

习惯 / 行为	周一	周二	周三	周四	周五	周六	周日	达成	目标	净值
总计										

承诺就是：虽然你下决心时那股干劲儿早就烟消云散了，但仍然坚持履行你说自己要做的事情。

输入影响评估表

让我们来看看你可能通过哪些途径向你的大脑中塞了没有营养的输入。如果你没做某项活动，只需填上 0。

	时间		
活动	每天	每星期	每年（总计）
看报			
早间电视或新闻节目			
开车时收听新闻			
晚间新闻			
日间新闻（CNN 等）			
网页新闻			
订阅新闻			
新闻、八卦博客、网站、读者等			
新闻杂志（《新闻周刊》《时代周刊》等）			
八卦杂志（《人物》《名利场》等）			
其他新闻、八卦、“社交”信息源			
情景喜剧和其他电视节目			
不积极向上的电影节目			
总计			

人际交往评估表

本表可以评估出你与核心家庭成员（配偶和孩子）以及严格意义上共同工作的人（你办公室里的人，除非你在工作之外也和他们有交往）之外的其他人一起花费的时间量。评估他们在以下每个领域的成功程度。

姓名	健康	商业 / 职业	头脑 / 态度	精神	家庭	关系	生活方式	平均值
1.								
2.								
3.								
4.								
5.								
平均值								

现在，将你的交往圈分成以下三类：断绝交往、有限交往和扩展交往。

作者简介

16 年来，达伦·哈迪一直是个人发展行业的领导者，他领导了两个以个人发展为主题的电视网络，制作发行了超过一千期有大量世界顶级专家参与的电视节目、现场活动、产品和节目。

作为一名创业家，达伦 18 岁时收入已达到 6 位数，24 岁时每年收入超过 100 万美元，27 岁时拥有一家年收入 5000 万美元的公司。他曾为数千名企业家提供指导，为许多大公司提供咨询服务，并在多家公司和非营利组织的董事会任职。

现在，作为《成功》杂志的出版人和编辑总监，达伦采访了大量个人表现和成就领域的一流专家，多位顶级首席执行官、开创性企业家、超级明星运动员、演艺人员和奥运冠军，分享他们非凡成功背后的秘密。

达伦是一位受观众喜爱的主题演讲人，经常出现在 CNBC，MSNBC，CBS，ABC 和 FOX 的国家广播和电视节目中。

达伦住在加利福尼亚州的圣迭戈。

访问 www.darrenhardy.success.com 进一步了解达伦·哈迪。

点击 www.twitter.com/darrenhardy，关注达伦。

致 谢

我想向《成功》媒体和《成功》杂志的团队表示感谢，他们为了支持我付出了极大的心血甚至是眼泪，特别是我的好朋友及同事里德·比尔布雷和斯图尔特·约翰逊……

感谢我的写作缪斯和合作伙伴，琳达·西弗特森，他帮我从我的经历中提取故事和参考资料，确保本书逻辑清晰，前后连贯。

感谢编辑大师艾琳·凯西，总是提出真知灼见的《成功》杂志编辑丽莎·奥克以及我们的主编黛博拉·海斯。

感谢过去20年里我曾经合作过、受教过的一众个人发展专家——我曾有机会采访过的首席执行官、革命性的企业家和非凡的成就者，我从他们那里收集了新的见解、想法和智慧。

感谢《成功》杂志、我的博客和其他作品的所有读者，他们的热情和积极反馈激励我继续挖掘潜力，攀登高峰，以便我可以更好地帮助其他人找到他们的最大潜力。

最后，也是最重要的，感谢我美丽出色的妻子乔治娅，她在我撰写本书时，牺牲了许多与我共处的深夜和周末时光。

© 民主与建设出版社，2021

图书在版编目（CIP）数据

成就上瘾 /（美）达伦·哈迪 (Darren Hardy) 著；庞洋译 . -- 北京：民主与建设出版社，2021.5
书名原文：THE COMPOUND EFFECT
ISBN 978-7-5139-3426-8

Ⅰ . ①成… Ⅱ . ①达… ②庞… Ⅲ . ①成功心理－通俗读物 Ⅳ . ① B848.4-49

中国版本图书馆 CIP 数据核字 (2021) 第 047291 号

Copyright notice shall read © 2010 by SUCCESS Media. Published by agreement with Folio Literary Management, LLC and The Grayhawk Agency Ltd.

著作权合同登记号 图字：01-2021-2001

成就上瘾
CHENGJIUSHANGYIN

著　　者 ［美］达伦·哈迪 (Darren Hardy)
译　　者 庞　洋
责任编辑 郭丽芳　周　艺
封面设计 红杉林
出版发行 民主与建设出版社有限责任公司
电　　话 （010）59417747　59419778
社　　址 北京市海淀区西三环中路 10 号望海楼 E 座 7 层
邮　　编 100142
印　　刷 唐山富达印务有限公司
版　　次 2021 年 9 月第 1 版
印　　次 2021 年 9 月第 1 次印刷
开　　本 880 毫米 ×1230 毫米　1/32
印　　张 7
字　　数 120 千字
书　　号 ISBN 978-7-5139-3426-8
定　　价 45.00 元

注：如有印、装质量问题，请与出版社联系。